Abitur-Box
Chemie

Prüfungs- und Basiswissen der Oberstufe

Impressum

www.tandem-verlag.de

Autoren: Wolfgang Kirsch, Marietta Mangold, Brigitte Schlachter
Projektkoordination: Silke Gerlach, Königswinter
Umschlaggestaltung: Marlies Müller, Königswinter

Printed in Germany

1 Atombau und Periodensystem

1.1 Einfache Atommodelle

Dalton (1808): Jedem Element entspricht eine Art von Atomen. Sie sind unveränderlich, untereinander in einem Element gleich und in verschiedenen Elementen von unterschiedlicher Masse. Chemische Reaktionen sind Umgruppierungen von Atomen. DALTON führte bereits Symbole zur Bezeichnung chemischer Elemente ein. Die heutige Schreibweise von Formeln geht auf Berzelius (1815) zurück.

Thomson (1904): Atome stellen Massenteilchen (Kugeln) dar. Die positive Ladung ist über das gesamte Volumen verteilt. Negativ geladene Teilchen, die Elektronen, sind in diese Grundmaterie eingebettet und gleichen die positive Ladung aus. Ein positiv geladenes Ion entsteht, wenn Elektronen abgegeben werden, ein negativ geladenes, wenn Elektronen aufgenommen werden.

Rutherford (1911): Atome bestehen aus einem sehr kleinen positiv geladenem Massenzentrum (Atomkern) und einer negativ geladenen Elektronenhülle. Die Elektronen bewegen sich mit großer Geschwindigkeit um den Kern.

Bohr (1913): Die negativen Elektronen der Atomhülle umkreisen planetenähnlich den positiven Atomkern. Postulate:

1. Die Elektronen können sich nur auf ganz bestimmten, einzelnen Bahnen um den Kern bewegen. Dieser Bewegung entspricht ein ganz bestimmtes Energieniveau.
2. Der Umlauf auf diesen Bahnen erfolgt strahlungslos mit konstanter Energie.
3. Das Elektron absorbiert oder emittiert Energie nur beim sprunghaften Übergang zwischen zwei Energieniveaus.

Durch Energiezufuhr kann ein Elektron auf eine kernfernere Bahn angehoben werden. Nach kurzer Zeit fällt das Elektron auf die kernnähere zurück. Dabei wird Licht einer bestimmten Wellenlänge ausgesandt. Die Energie des emittierten Lichts entspricht dabei genau der Energiedifferenz der beiden Bahnen. Regt man daher Atome durch Energiezufuhr an, so erhält man ein charakteristisches Linienspektrum.

1.2 Orbitalmodell

Bestimmte Experimente mit Elektronen lassen sich nur deuten, wenn man das Elektron als Welle betrachtet. In anderen Experimenten verhalten sich Elektronen wie Teilchen. Je nach zu beobachtender Eigenschaft des Elektrons muss man also entweder das Teilchenmodell oder das Wellenmodell des Elektrons heranziehen (**Welle-Teilchen-Dualismus**). Da es prinzipiell nicht möglich ist, gleichzeitig den Ort und die Geschwindigkeit eines Elektrons exakt anzugeben (**Heisenberg**, 1927), lassen sich keine Aussagen über den momentanen Aufenthaltsort des Elektrons im Atom machen. Die Vorstellung, dass sich Elektronen auf Elektronenbahnen (Orbits) bewegen, wird daher aufgegeben. Stattdessen werden die Elektronen durch Orbitalfunktionen im dreidimensionalen Raum beschrieben. Ein **Orbital** ist damit der **Aufenthaltsbereich**, in dem ein Elektron mit großer Wahrscheinlichkeit anzutreffen ist.

Vier **Quantenzahlen** charakterisieren den Zustand des Elektrons im Atom:

- **Hauptquantenzahl** n ($n = 1, 2, 3, ...$) gibt die Größe des Orbitals an
- **Nebenquantenzahl** ℓ ($\ell \leqq n - 1$) gibt die Form des Orbitals an:
  $\ell = 0$: s-Orbital, kugelförmig
  $\ell = 1$: p-Orbitale, hantelförmig
  $\ell = 2$: d-Orbitale, kleeblattförmig
  ($\ell = 3$: f-Orbitale, $\ell = 4$: g-Orbitale)
- **Magnetquantenzahl** m ($-\ell \leqq m \leqq +\ell$) gibt die Lage des Orbitals im Raum an
- **Spinquantenzahl** s $\left(s = +\frac{1}{2}, s = -\frac{1}{2}\right)$ gibt die Eigenrotation des Elektrons an

Beispiel:

- Hauptquantenzahl 1:
  – nur ein kugelförmiges s-Orbital (1s)
- Hauptquantenzahl 2:
  – ein kugelförmiges s-Orbital (2 s), das größer ist als das 1 s-Orbital
  – drei hantelförmige p-Orbitale, die senkrecht aufeinander stehen ($2p_x$, $2p_y$, $2p_z$)
- Hauptquantenzahl 3:
  – ein kugelförmiges s-Orbital (3s), das größer ist als das 1s- und das 2s-Orbital
  – drei hantelförmige p-Orbitale, die senkrecht aufeinander stehen ($3p_x$, $3p_y$, $3p_z$) und größer sind als die 2p-Orbitale
  – fünf 3d-Orbitale

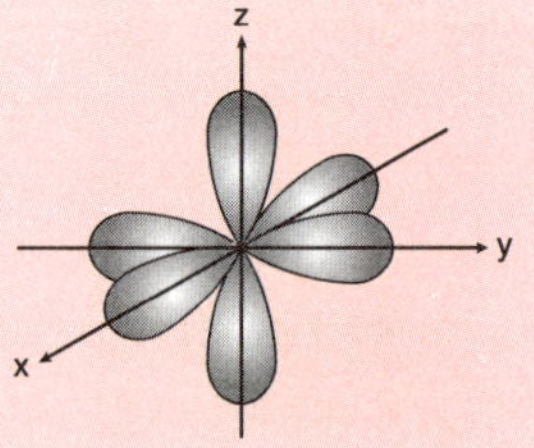

Form der p-Orbitale. Die $2p_x$- und $2p_y$-Orbitale liegen in der Zeichenebene, das $2p_z$-Orbital steht senkrecht darauf.

1.3 Elektronenkonfigurationen

Die **Elektronenkonfiguration** eines Atoms erhält man, indem man alle Elektronen des Atoms Orbitalen zuordnet.

In der **Pauling-Schreibweise** wird das Orbital als Kästchen dargestellt, die Elektronen werden durch Pfeile symbolisiert, wobei entgegengesetzte Pfeilrichtung für entgegengesetzte Rotationsrichtung (Spin) des Elektrons steht.

Beispiel: [↑↓] symbolisiert ein Orbital, das mit zwei Elektronen mit entgegengesetztem Spin besetzt ist.

Beim Aufstellen von Elektronenkonfigurationen sind folgende Prinzipien zu beachten:
- **Energieprinzip:** Energieärmere Zustände werden vor energiereicheren besetzt.
- **Hund'sche Regel:** Energiegleiche Orbitale gleicher Nebenquantenzahl werden zunächst einfach besetzt.
- **Pauli-Prinzip:** Ein Orbital kann maximal zwei Elektronen (unterschiedlichen Spins) aufnehmen.

Beispiel: Elektronenkonfiguration von Phosphor (P) im Grundzustand, → Grafik rechts.

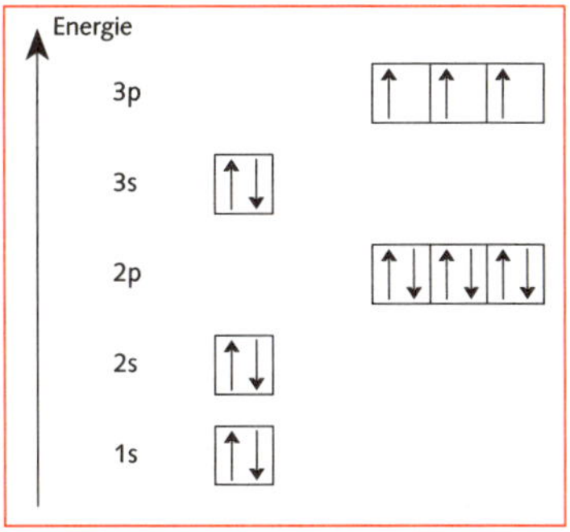

Beim Aufstellen von Elektronenkonfigurationen ist Folgendes zu beachten:
- Die Orbitale müssen nach dem Energieprinzip (Energieniveauschema) besetzt werden.
- Es gibt jeweils:
  - ein s-Orbital,
  - drei energiegleiche p-Orbitale,
  - fünf energiegleiche d-Orbitale.
- p- und d-Orbitale einer Hauptquantenzahl werden zunächst einfach besetzt (Hund'sche-Regel).
- Ein Orbital kann mit höchstens zwei Elektronen besetzt sein, die dann einen entgegengesetzten Spin haben.

Kurzschreibweise für die Elektronenkonfiguration von Phosphor (P): $1s^2\ 2s^2\ 2p^6\ 3s^2\ 3p^3$ ($1s^2$ gesprochen: »eins-s-zwei«).

Als **Merkhilfe** für das Energieniveauschema der Orbitale eignet sich das **Schachbrett**:

Das Schachbrett wird zeilenweise von links nach rechts gelesen, wobei man mit der unteren Zeile anfängt.

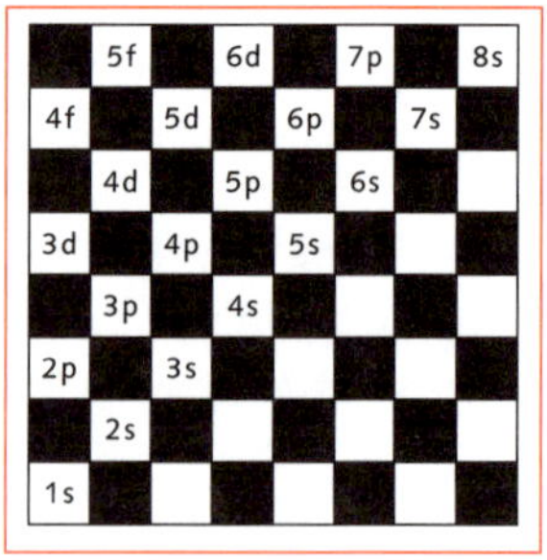

- s-Orbitale sind mit maximal 2 Elektronen,
- die drei p-Orbitale einer Hauptquantenzahl mit maximal 6 Elektronen,
- die fünf d-Orbitale einer Hauptquantenzahl mit maximal 10 Elektronen und
- die sieben f-Orbitale einer Hauptquantenzahl mit maximal 14 Elektronen besetzt.

Beispiel: Die Elektronenkonfiguration für Arsen (As) mit 33 Elektronen lautet also in der Kurzschreibweise: $1s^2\ 2s^2\ 2p^6\ 3s^2\ 3p^6\ 4s^2\ 3d^{10}\ 4p^3$

1.4 Periodensystem

1.4.1 Aufbau

Die Stellung eines Elements im Periodensystem ist auf seine Elektronenkonfiguration zurückzuführen. Die Ordnungszahl entspricht der Protonenzahl, beim Atom auch der Elektronenzahl. Elektronen mit gleicher Hauptquantenzahl werden als Schale zusammengefasst. Elektronen mit der Hauptquantenzahl $n = 1$ gehören dabei zur K-Schale, die Elektronen mit der Hauptquantenzahl $n = 2$ bilden die L-Schale. Es folgen dann M-, N-, O-, P- und Q-Schale. Je größer die Hauptquantenzahl ist, desto größer ist auch der Radius der Kugelschale. Die maximale Elektronenbesetzung für die *n*-te Schale ist mit $2\,n^2$ Elektronen erreicht.

Alle Elemente einer Periode (horizontale Reihe) besitzen dieselbe Schalenzahl. Die Elemente einer Gruppe (vertikale Reihe) besitzen die gleiche Anzahl an Elektronen auf der äußeren Schale (Valenzelektronen). Bei den Hauptgruppen stimmt dabei die Zahl der Valenzelektronen mit der Gruppennummer überein.

Übersicht über die Hauptgruppen des Periodensystems

Name der Gruppe	Elektronenkonfiguration der Valenzelektronen
Alkalimetalle	s^1
Erdalkalimetalle	s^2
Borgruppe	s^2p^1
C-Si-Gruppe	s^2p^2
Stickstoffgruppe	s^2p^3; stabil
Chalkogene	s^2p^4
Halogene	s^2p^5
Edelgase	s^2p^6; sehr stabil (Edelgaskonfiguration)

1.4.2 Atomradien und Ionenradien

Kationen haben einen kleineren Radius als Atome, da sie eine Schale weniger besitzen. Anionen haben einen größeren Radius als Atome, da sich die Elektronen der äußeren Schale untereinander stärker abstoßen. Innerhalb einer **Gruppe** nehmen die **Atomradien** mit zunehmender Ordnungszahl (von oben nach unten) zu, da neue Schalen aufgebaut werden. Innerhalb einer **Periode** nehmen die Atomradien mit zunehmender Ordnungszahl ab, da die Elemente einer Periode dieselbe Schalenzahl besitzen, die Kernladung aber zunimmt und die Elektronen daher stärker angezogen werden. Die **Radien** der **Kationen** und **Anionen** nehmen ebenfalls innerhalb der Gruppe von oben nach unten zu, innerhalb der Periode von links nach rechts ab.

2 Chemische Bindung

2.1 Ionenbindung

2.1.1 Bildung der Ionen

In der Reaktion zwischen Metallen und Nichtmetallen erreichen Metalle die stabile (= energiearme) Edelgaskonfiguration, indem sie ihre Valenzelektronen abgeben. Nichtmetalle erreichen die Edelgaskonfiguration, indem sie ihre äußere Schale durch Elektronenaufnahme zum Oktett (s^2p^6) auffüllen.

Beispiel:

$2\,Na + Cl_2 \rightarrow 2\,NaCl$; $\Delta H < 0$ (exotherm)

! Regel von Kossel:
Die Reaktionsfähigkeit von Atomen beruht auf deren Bestreben, durch Abgabe oder Aufnahme von Elektronen in der Reaktion mit anderen Atomen Edelgaskonfiguration zu erreichen.

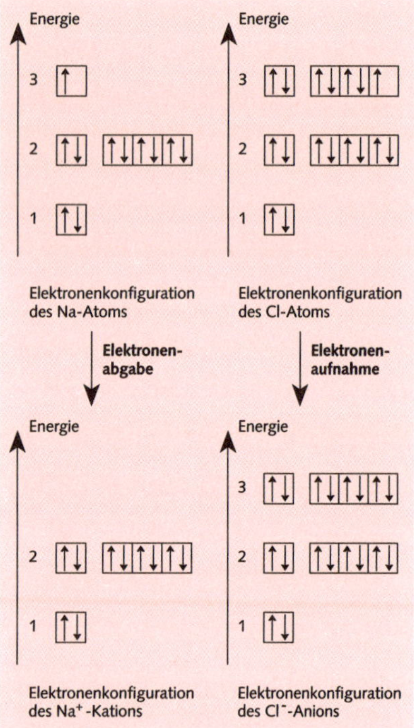

Bildung von Na^+- und Cl^--Ionen

Metalle geben Elektronen ab und werden zu **Kationen.**
Nichtmetalle nehmen Elektronen auf und werden zu **Anionen.**

! **Kation = positiv geladenes Teilchen; Anion = negativ geladenes Teilchen**

Typische Nichtmetalle sind: Halogene (F, Cl, Br, I), und die Elemente O, S, N, P, C, H.

Die Ionen bilden ein Ionengitter. Ionenverbindungen werden als salzartige Stoffe bezeichnet. Bei der Bildung des Ionengitters aus den Ionen der Gasphase wird ein großer Energiebetrag (Gitterenergie) frei. Die Gitterenergie liefert die Energie für die Energie verbrauchenden Teilschritte der Salzbildung.

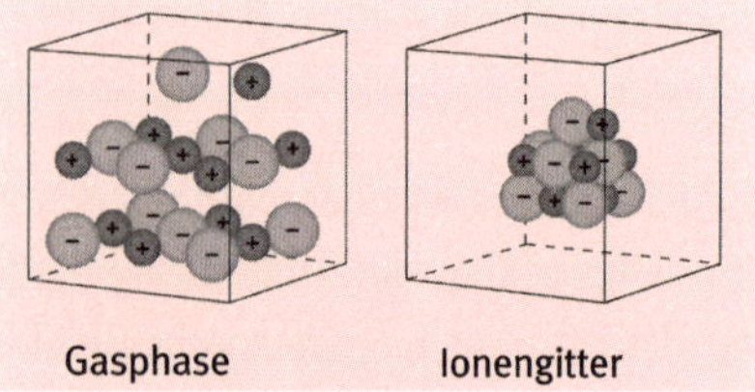

Bildung des Ionengitters

Hinweis: Die Gitterenergie – und nicht etwa das Entstehen einer Edelgaskonfiguration – ermöglicht die Bildung eines Salzes. Es gibt auch stabile Kationen, die auf der äußeren Schale keine s^2p^6-Konfiguration besitzen.

Die **Gitterenergie** kann über den **Born-Haber-Kreisprozess** bestimmt werden. Dazu zerlegt man gedanklich die Bildung eines salzartigen Stoffes aus den Elementen in Teilschritte.

Beispiel: Bildung von Natriumchlorid aus den Elementen.

1. Das Na-Metall wird sublimiert (= verdampft), sodass isolierte Na-Atome als Dampf vorliegen (benötigte Energie: Sublimationsenergie).
2. Die Chlor-Moleküle werden in Atome gespalten (benötigte Energie: Bindungsenergie).
3. Na-Atome geben je ein Elektron ab (benötigte Energie: Ionisierungsenergie).
4. Cl-Atome nehmen je ein Elektron auf (umgesetzte Energie: Elektronenaffinität).
5. Die in der Gasphase vorliegenden Na^+- und Cl^--Ionen lagern sich zu einem Ionengitter zusammen (frei werdende Energie: Gitterenergie).

2.1.2 Ionengitter und Gitterenergie

Die Gitterenergie gibt an, wie viel Energie frei wird, wenn Ionen aus der Gasphase heraus ein Ionengitter bilden. Die Kationen und Anionen im Kristallverband werden durch elektrostatische Anziehungskräfte (**Coulomb-Kräfte**) zusammengehalten. Diese Kräfte sind ungerichtet und wirken gleichmäßig nach allen Seiten. Die Anionen sind größer als die Kationen und bilden eine **dichteste Kugelpackung**. Die kleineren Kationen liegen in den Lücken zwischen den Anionen.

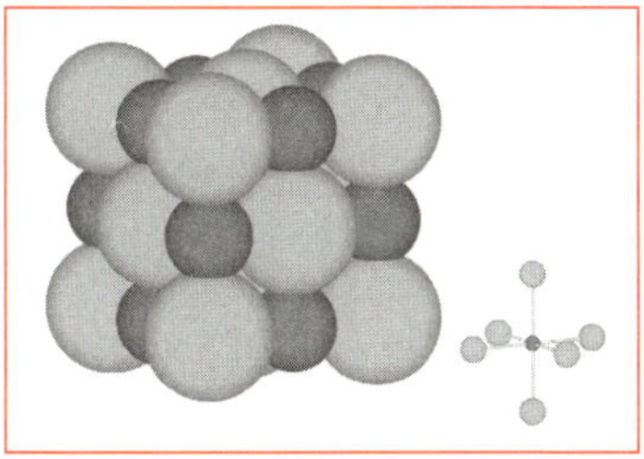

Beispiel: NaCl (Kochsalz)
Die großen Cl^--Anionen bilden die dichteste Kugelpackung, in deren Lücken die kleinen Na^+-Kationen liegen (→ Abbildung links). Jedes Kation ist von sechs Anionen umgeben, jedes Anion von sechs Kationen. Die **Koordinationszahl** (= Anzahl der nächsten Nachbarn im Ionengitter) beträgt daher für jede Ionenart 6.

Formeln von Ionenverbindungen sind **Verhältnisformeln**. Sie geben das Zahlenverhältnis von Kationen und Anionen im Ionengitter an.

Die Gitterenergie ist im Wesentlichen abhängig:

- von der Ladung der Ionen: Je höher die Ladung ist, desto stärker ziehen sich Kationen und Anionen an.

- vom Radius der Ionen: Je kleiner der Radius ist, desto größer ist die Ladungsdichte des Ions, desto stärker ziehen sich Kationen und Anionen an.

Da beim Schmelzen und Sieden von salzartigen Verbindungen die Ionen aus dem Gitter gelöst werden und die elektrostatische Anziehung der Ionen überwunden werden muss, sind Schmelz- und Siedetemperatur von der Gitterenergie abhängig.

Beispiel: Ordnen von Salzen (NaCl, CaS, Al_2O_3, KBr, MgO) nach steigender Schmelz- und Siedetemperatur.

- **Ordnen nach der Ladung:** Die Ladung der Kationen (Metalle) entspricht bei den Hauptgruppenmetallen der Gruppennummer, bei den Anionen (Nichtmetallen) der Differenz zwischen 8 Elektronen und der Gruppennummer.
  $Al_2^{3+}O_3^{2-}$ $Ca^{2+}S^{2-}$ $Mg^{2+}O^{2-}$ $Na^{+}Cl^{-}$ $K^{+}Br^{-}$
- **Ordnen nach dem Ionenradius:** Da innerhalb einer Gruppe im Periodensystem die Ionenradien mit steigender Ordnungszahl (von oben nach unten) zunehmen (→ Atombau und Periodensystem), ergibt sich die Reihenfolge:
  Al_2O_3, MgO, CaS, NaCl, KBr →
  Abnahme von Smt. und Sdt.

2.1.3 Übersicht: salzartige Stoffe

Eine Ionenbindung liegt vor, wenn in einer Verbindung **Metall und Nichtmetall** enthalten sind. Wichtige salzartige Verbindungen sind daher:

Metall + Nichtmetall (= binäre Verbindungen):
Oxide (O^{2-})
Sulfide (S^{2-})
Nitride (N^{3-})
Halogenide (F^-, Cl^-, Br^-, I^-)
Hydroxide (OH^-)

Metall + Säurerest:
Sulfate (SO_4^{2-})
Sulfite (SO_3^{2-})
Nitrate (NO_3^-)
Nitrite (NO_2^-)
Phosphate (PO_4^{3-})
Carbonate (CO_3^{2-})

Hinweis: Das NH_4^+-Ion verhält sich wie ein Metall-Kation. Bei Ammonium-Verbindungen handelt es sich daher um salzartige Stoffe.

2.2 Atombindung

2.2.1 Lewis-Formeln und Oktettregel

Die Bindung zwischen Nichtmetall-Atomen beruht auf der Bildung **gemeinsamer Elektronenpaare.** Es entstehen **Moleküle.** Solche **bindenden Elektronenpaare** werden aus ungepaarten Valenzelektronen der Atome gebildet. Durch die gemeinsamen Elektronenpaare erreichen die Atome **Edelgaskonfiguration**. Valenzelektronen, die nicht an der Bindung beteiligt sind, bezeichnet man als **freie Elektronenpaare**.

In den **LEWIS-Formeln** (Valenzstrichformeln) werden Elektronenpaare als Strich, einzelne Elektronen als Punkte dargestellt.
Beispiel: HCl-Molekül. **LEWIS-Formel:** $H-\overline{\underline{Cl}}|$
Durch das gemeinsame Elektronenpaar erreicht das Chlor-Atom Edelgaskonfiguration (s^2p^6), das Wasserstoff-Atom erreicht die Edelgaskonfiguration von Helium (s^2). Das Chlor-Atom hat drei freie Elektronenpaare.

Oktettregel: Jedem Atom werden vier Elektronenpaare zugeordnet.

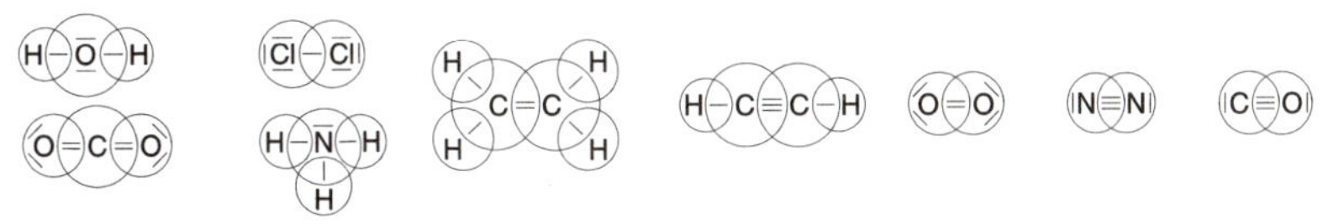

Strategie zum Aufstellen von Lewis-Formeln:

1. Summe der Valenzelektronen aller Atome bestimmen.
2. Oktettbedarf für alle Atome berechnen (für H-Atome zwei Elektronen, für alle anderen Atome acht Elektronen).
3. $\frac{(\Sigma\,\text{Oktettbedarf} - \Sigma\,\text{Valenzelektronen})}{2}$ = Anzahl gemeinsamer Elektronenpaare.
   Bei Molekül-Anionen und -Kationen muss die Ladung der Teilchen zu den Valenzelektronen addiert bzw. von der Zahl der Valenzelektronen subtrahiert werden.
4. Wasserstoff bindet in der Regel an Sauerstoff.
5. Mit freien Elektronen zum Oktett ergänzen.

Beispiel: HClO-Molekül
Summe Oktettbedarf = 2 + 8 + 8 = 18; Summe Valenzelektronen = 1 + 7 + 6 = 14
$\frac{(18-14)}{2}$ = 2 gemeinsame Elektronenpaare, Wasserstoff bindet an Sauerstoff.
LEWIS-Formel: H–O–Cl

Hinweis: Die Oktettregel ist eine Regel, von der es natürlich Ausnahmen gibt.

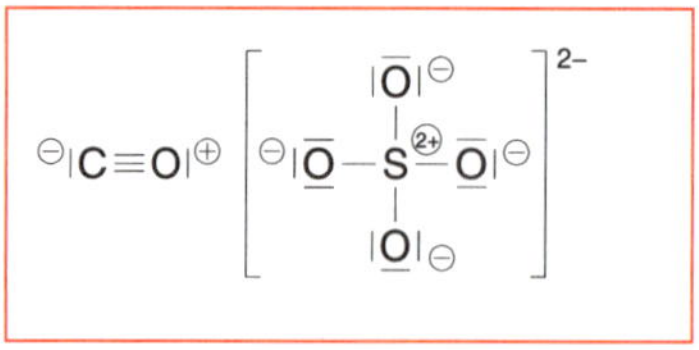

Formalladungen eines Atoms in einer Verbindung erhält man, indem man von der Anzahl der Valenzelektronen des freien Atoms die freien Elektronen und die Hälfte der Bindungselektronen des Atoms im Molekül subtrahiert.

Beispiel: CO-Molekül; C-Atom: 4 Valenzelektronen; in der Bindung: 2 freie Elektronen + 3 Elektronen: 4 – 5 = –1; O-Atom: 6 Valenzelektronen; in der Bindung: 2 freie Elektronen + 3 Elektronen: 6 – 5 = +1

2.2.2 Modell: Elektronenpaarabstoßung

LEWIS-Formeln ermöglichen keine Aussage über die Gestalt eines Teilchens. Dies ist erst mit dem **Elektronenpaarabstoßungs-Modell** möglich:

- Elektronenpaare stoßen sich ab und nehmen einen möglichst großen Abstand voneinander ein.
- Freie Elektronenpaare beanspruchen einen etwas größeren Raum als bindende Elektronenpaare.
- Elektronen einer Mehrfachbindung werden als Einheit betrachtet. Sie beanspruchen etwas mehr Raum als Elektronen einer Einfachbindung. Jede Einfachbindung, jede Mehrfachbindung und jedes freie Elektronenpaar stellt eine Elektroneneinheit dar.

Das C-Atom in CH_4, das N-Atom in NH_3 und das O-Atom in H_2O sind jeweils von vier Einheiten umgeben. Jedes C-Atom in C_2H_4 ist von drei Einheiten umgeben. Das C-Atom in C_2H_2 und das C-Atom in CO_2 sind jeweils von zwei Einheiten umgeben. Durch die Abstoßung der Elektronenpaare ergibt sich eine bestimmte Molekülgeometrie.

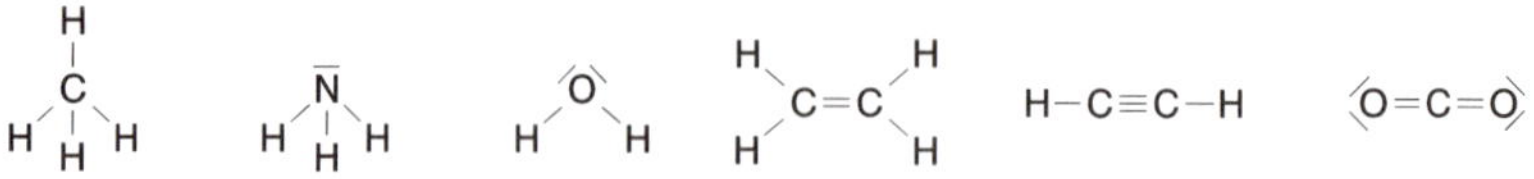

*	Struktur	Bindungswinkel	Beispiele
4	Zentralatom liegt im Zentrum eines Tetraeders, die vier Elektronenpaare ragen in die Ecken des Tetraeders	109° tetraedrisch	CH_4, NH_3, H_2O
3	Zentralatom liegt in der Mitte eines gleichseitigen Dreiecks, die Elektroneneinheiten ragen in die Ecken des Dreiecks	120° trigonal-planar	Ethen (C_2H_4)
2	lineare Anordnung der Elektroneneinheiten des Zentralatoms	180° linear	Ethin (C_2H_2), CO_2

* Anzahl der Elektroneneinheiten, die das Zentralatom umgeben

2.2.3 Modell: Molekülorbitale

Molekülorbitale entstehen durch Überlappen benachbarter Atomorbitale.

Beispiel: H_2-Molekül. 

Die beiden einfach besetzten s-Orbitale des Wasserstoffs überlappen zu einem Molekülorbital: s-s-Überlappung. Man bezeichnet dieses Molekülorbitals als σ-Orbital, die Bindung als **σ-Bindung** (sigma-Bindung). Die σ-Bindung ist rotationssymmetrisch zur Bindungsachse der beiden Atomkerne und ermöglicht daher eine **freie Drehbarkeit** der Atome um die Bindungsachse. Molekülorbitale gehorchen dem **Pauli-Prinzip** (zwei Elektronen mit entgegengesetztem Spin).

a) sp^3-Hybridisierung

Ein Kohlenstoff-Atom besitzt zwei einfach besetzte 2p-Orbitale. Die einfachste (stabile) C–H-Verbindung müsste daher die Formel CH_2 haben; Kohlenstoff müsste also zweibindig sein. Um die vier energetisch gleichen Bindungen des Kohlenstoffs – z. B. im Methan (CH_4) – zu beschreiben, muss das Orbital-Modell »angepasst« werden, damit aus zwei einfach besetzten Orbitalen vier einfach besetzte Orbitale entstehen, die zudem untereinander energetisch gleich sind.

- Promotion: Ein Elektron wird vom 2s-Niveau auf das (energiereichere) 2p-Niveau angehoben. Es entstehen vier einfach besetzte Orbitale, die aber nicht energiegleich sind (angeregter Zustand).
- Hybridisierung: Vier gleiche Orbitale entstehen, indem sich das 2s- und die drei 2p-Orbitale mischen (Valenzzustand).
- sp^3-Hybridisierung: Ein s- und drei p-Orbitale mischen sich.

Orbitale, die durch Hybridisierung entstanden sind, werden als Hybridorbitale bezeichnet. Sie bestehen aus einem großen und einem kleinen Orbitallappen. sp^3-Hybridorbitale ordnen sich tetraedrisch an.

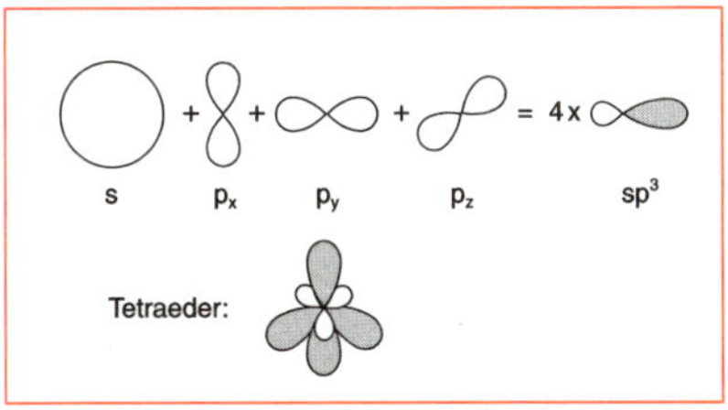

Überlappungen beim Methan:
4 x C – H-σ-Bindung: sp^3-s-Überlappung.
Die Bindungswinkel betragen 109 °.
Die vier Molekülorbitale ragen in die vier Ecken des Tetraeders, in dessen Zentrum das C-Atom liegt.

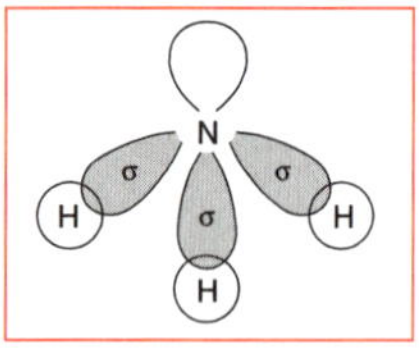

Im Amoniak (NH_3) bindet Stickstoff drei Wasserstoff-Atome. Da drei einfach besetzte Orbitale vorhanden sind, entfällt die Promotion.

Überlappungen: 3 x N – H-σ-Bindung: sp^3-s-Überlappung

Die Bindungswinkel betragen 107 °.

Der Tetraederwinkel ist verringert, da das Orbital des freien Elektronenpaars mehr Raum in Anspruch nimmt und die Molekülorbitale daher zusammendrückt.

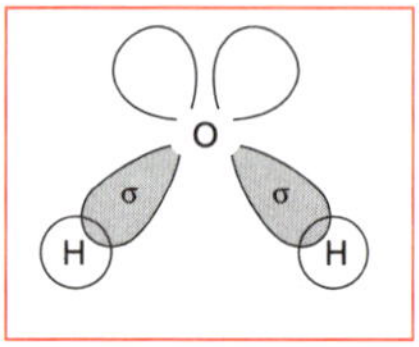

Der Sauerstoff im Wasser-Molekül bindet zwei Wasserstoff-Atome. Da zwei einfach besetzte Orbitale vorhanden sind, entfällt die Promotion.

Überlappungen: 2 x O – H-σ-Bindung: sp^3-s-Überlappung

Der Bindungswinkel beträgt 104,5 °.

Der Tetraederwinkel ist verringert, da die Orbitale der freien Elektronenpaare mehr Raum in Anspruch nehmen und die Molekülorbitale daher zusammendrücken.

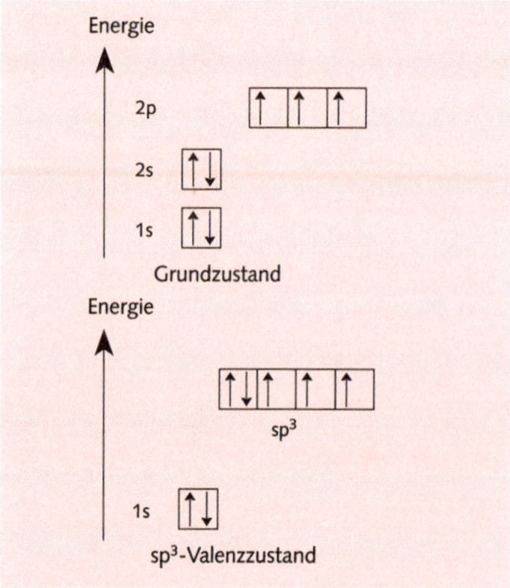

sp^3-Hybridisierung des Stickstoffs

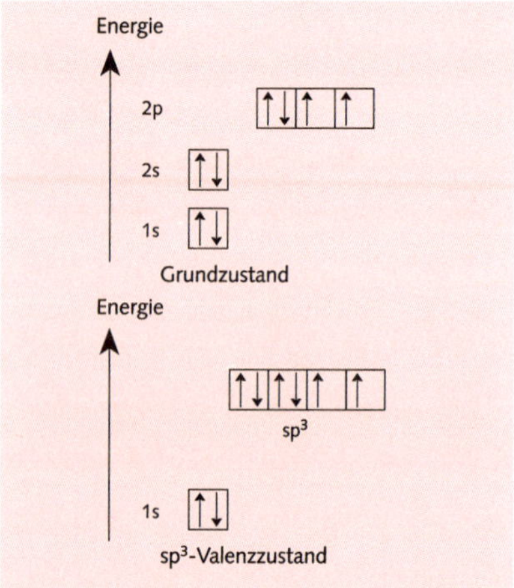

sp^3-Hybridisierung des Sauerstoffs

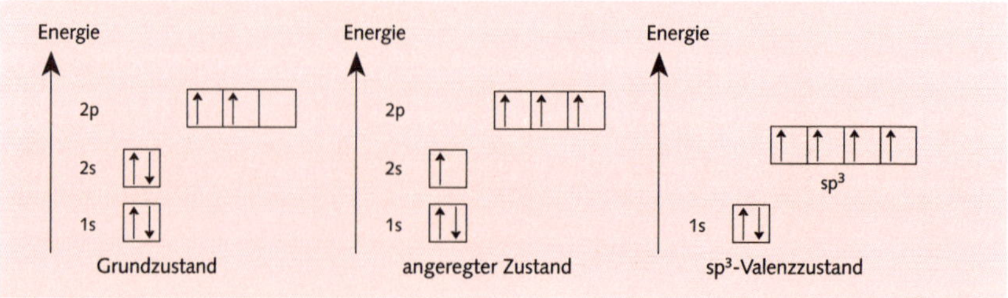

sp^3-Hybridisierung des Kohlenstoffs

b) sp^2-Hybridisierung

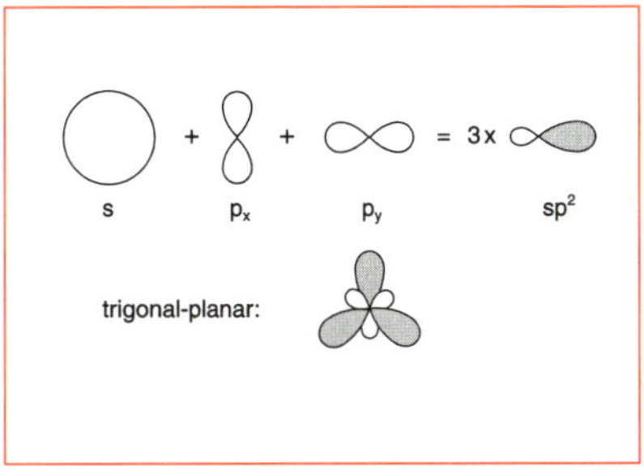

Im Ethen ($H_2C{=}CH_2$) betragen die Bindungswinkel 120°. Der Kohlenstoff kann daher nicht sp^3-hybridisiert sein. Ein s- und zwei p-Orbitale mischen sich (sp^2-Hybridisierung). Die drei sp^2-Hybridorbitale bilden σ-Bindungen aus. Beide C-Atome im Ethen besitzen je ein p-Orbital, das an der Hybridisierung nicht teilgenommen hat.

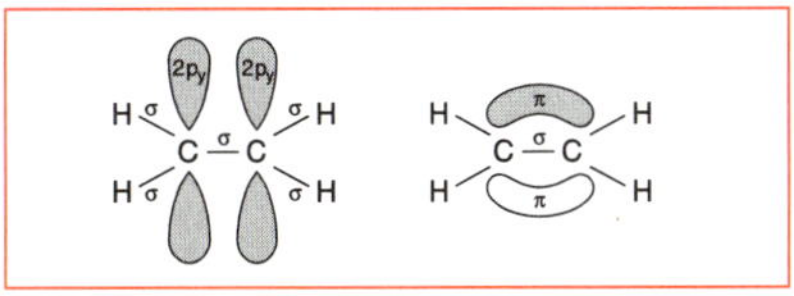

Eine Überlappung von p-Orbitalen, die nicht hybridisiert sind, bezeichnet man als **π-Bindung** (pi-Bindung).

Überlappungen:

4 x C – H-σ-Bindung: sp^2-s-Überlappung

1 x C – C-σ-Bindung: sp^2-sp^2-Überlappung

1 x C – C-π-Bindung: $2p_y$-$2p_y$-Überlappung

Alle Atome liegen in einer Ebene, die Bindungswinkel betragen etwa 120°. Die π-Bindung steht senkrecht auf der σ-Bindungsebene. Die 2p-Orbitale der beiden C-Atome überlappen ober- und unterhalb der σ-Bindungsebene zur π-Bindung. Da sich die p-Orbitale nur gering durchdringen, benötigt man zum Aufspalten der π-Bindung weniger Energie als zur Aufspaltung der σ-Bindung.

Damit p-Orbitale überlappen können, müssen sie dieselbe Orientierung im Raum haben.

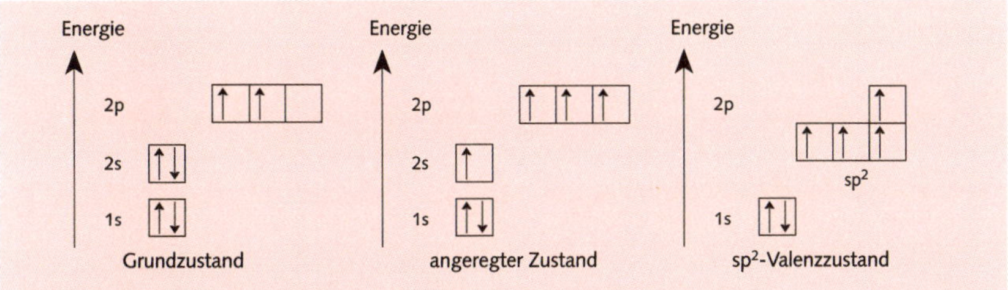

sp^2-Hybridisierung des Kohlenstoffs

c) sp-Hybridisierung

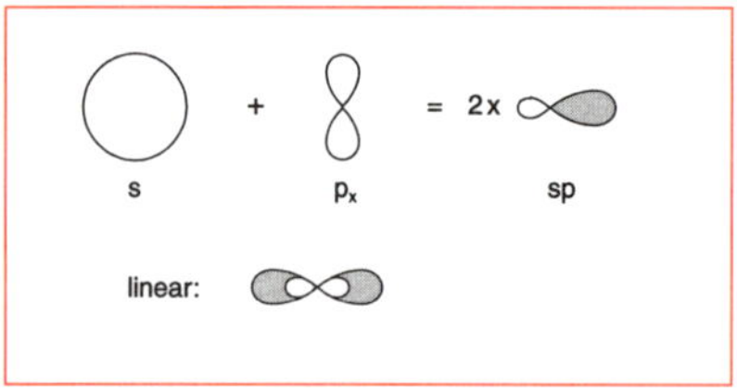

Die Bindungswinkel im Ethin (HC≡CH) betragen 180°. Kohlenstoff ist im Ethin **sp-hybridisiert.**

sp-Hybridorbitale entstehen durch Mischung von einem s- und einem p-Orbital.

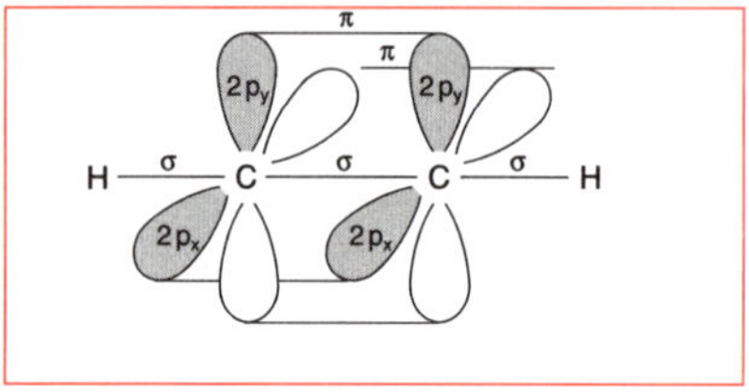

sp-Hybridisierung: Ein s- und ein p-Orbital mischen sich. Die beiden sp-Hybridorbitale sind linear angeordnet.

Überlappungen:

2 x C – H-σ-Bindung: sp-s-Überlappung

1 x C – C-σ-Bindung: sp-sp-Überlappung

1 x C – C-π-Bindung: $2p_y$-$2p_y$-Überlappung

1 x C – C-π-Bindung: $2p_z$-$2p_z$-Überlappung

Die beiden π-Bindungen stehen senkrecht aufeinander. Die Bindungswinkel betragen 180°. Da p-Orbitale nicht so stark überlappen, benötigt man zur Aufspaltung einer π-Bindung weniger Energie als zur Aufspaltung einer σ-Bindung.

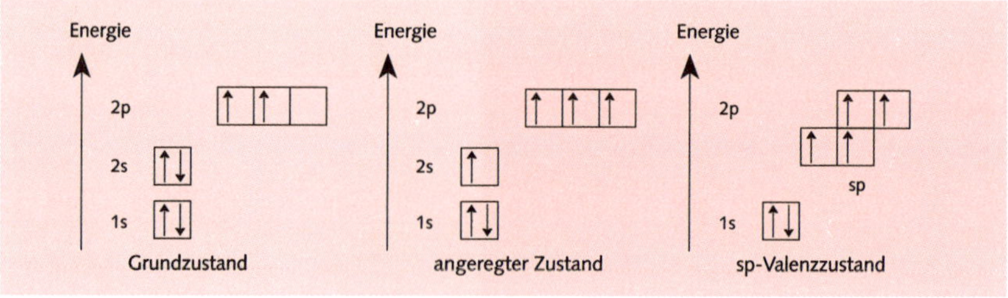

sp-Hybridisierung des Kohlenstoffs

Vergleich: Einfachbindung, Doppelbindung, Dreifachbindung

Bindung	Bindungslänge $[pm = 10^{-12}\,m]$	Bindungsenergie $[kJ \cdot mol^{-1}]$
C–C	154	348
C=C	135	614
C≡C	120	839

Strategie zur Anwendung des Molekülorbital-Modells

- LEWIS-Formel unter Beachtung der Oktettregel aufstellen.
  Nach dem Elektronenpaarabstoßungsmodell den ungefähren Bindungswinkel ermitteln.
- Bindungswinkel ≈ 109°: sp^3-Hybridisierung
  Bindungswinkel ≈ 120°: sp^2-Hybridisierung
  Bindungswinkel ≈ 180°: sp-Hybridisierung
- Elektronenkonfiguration für das Atom im Grundzustand aufstellen.
  Ist die Zahl einfach besetzter Orbitale geringer als die der Bindungen, so muss vor dem Hybridisieren promoviert werden.

Übersicht Hybridisierungen

Bindungswinkel	109 °	120 °	180 °
Hybridisierung	sp^3	sp^2	sp
Molekülgeometrie	Tetraeder	trigonal-planar	linear
Anzahl der Elektroneneinheiten	4 z. B. nur Einfachbindungen am Atom	3 z. B. eine Doppelbindung am Atom	2 z. B. eine Dreifachbindung oder zwei Doppelbindungen am Atom
Beispiele	CH_4 (alle Alkane), NH_3, H_2O	Ethen (alle C-Atome der Alkene mit C=C-Doppelbindung), C-Atom und O-Atom der Carbonylgruppe	Ethin, C-Atom im CO_2-Molekül

2.2.4 Mesomerie

Für das Carbonat-Ion (CO_3^{2-}) ergibt sich unter Berücksichtigung des Elektronenpaarabstoßungsmodells als Lewis-Formel:

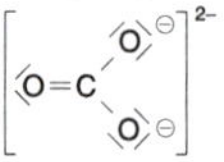

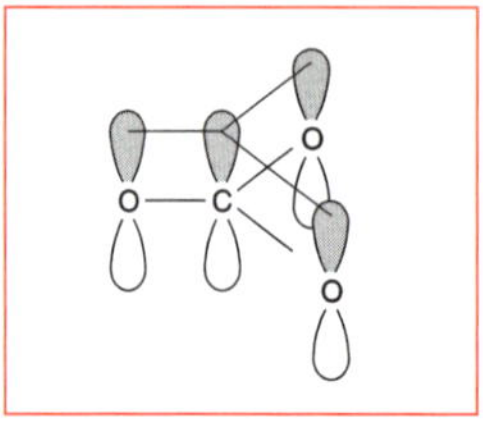

Experimentell wurde aber nachgewiesen, dass alle C–O-Bindungen gleich lang sind. Die Bindungswinkel betragen 120°. Der Kohlenstoff muss aufgrund des Bindungswinkels sp²-hybridisiert sein. Da aber alle C–O-Bindungen gleichartig sind, lässt sich die Doppelbindung nicht lokalisieren (→ Abbildung links).

Das 2p-Orbital des C-Atoms überlappt mit den 2p-Orbitalen der O-Atome zu einem π-Bindungssystem, das alle Atome des Carbonat-Ions umfasst. Die π-Elektronen sind **delokalisiert**. Diesen Bindungszustand bezeichnet man als **Mesomerie**. Er kann nicht mit nur einer Lewis-Formel dargestellt werden. Mesomerie beschreibt man im Formelbild, indem man (fiktive) **mesomere Grenzformeln** angibt und sie mit einem **Mesomeriepfeil** (↔) verbindet. Formal erhält man die mesomeren Grenzformeln einer Verbindung, indem man für eine der Grenzformeln die Lewis-Formel aufstellt und Elektronenpaare der π-Bindung durch »Umklappen« zwischen den Atomen verschiebt.

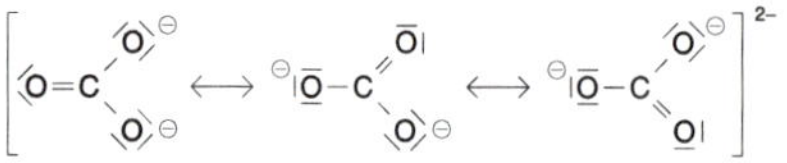

Teilchen mit delokalisierten π-Elektronen sind **mesomeriestabilisiert**, da den delokalisierten π-Elektronen mehr Raum zur Verfügung steht. Das mesomere System ist daher energieärmer als jede seiner (fiktiven) Grenzformeln. Je mehr mesomere Grenzformeln sich für ein Teilchen schreiben lassen, desto energieärmer und damit stabiler ist es.

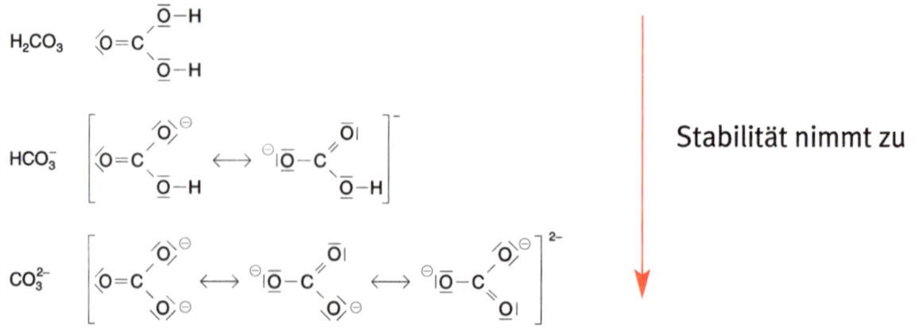

2.2.5 Polare Atombindung und Dipolmoleküle

Besteht ein Molekül aus verschiedenen Atomen, so zieht oft eines der Atome die Bindungselektronen stärker an. Es erhält einen Überschuss an negativer Ladung, die jedoch kleiner ist als eine Elementarladung. Man nennt solche Teilladungen **Partialladungen**. Die positive Partialladung wird mit δ^+ (delta plus), die negative mit δ^- (delta minus) bezeichnet. Bei der Bindung handelt es sich dann um eine **polare Atombindung**.

Die **Elektronegativität** ist ein Maß für die Fähigkeit eines Atoms, Bindungselektronen anzuziehen. Eine Bindung ist umso polarer, je größer die Elektronegativitäts-Differenz ist. Bindungen zwischen zwei **gleichen Atomen** sind stets **unpolar**.

Beispiele:

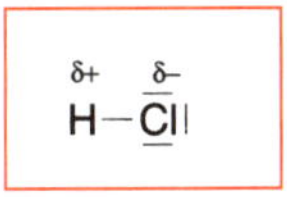

Elektronegativität(Cl) = 3,0; Elektronegativität(H) = 2,1
Elektronegativitäts-Differenz = 0,9
⇒ polare Atombindung

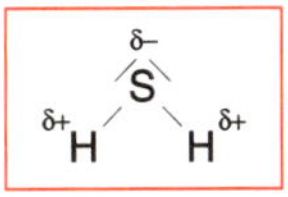

Elektronegativität(S) = 2,5; Elektronegativität(H) = 2,1
Elektronegativitäts-Differenz = 0,4
⇒ schwach polare Atombindung

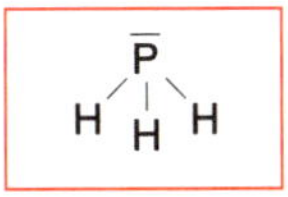

Elektronegativität(P) = 2,1; Elektronegativität(H) = 2,1
Elektronegativitäts-Differenz = 0
⇒ unpolare Atombindung

Die Elektronegativitäts-Werte und damit das Bestreben, Bindungselektronen anzuziehen, nehmen innerhalb einer Gruppe des Periodensystems mit zunehmender Ordnungszahl ab, innerhalb einer Periode mit zunehmender Ordnungszahl zu.

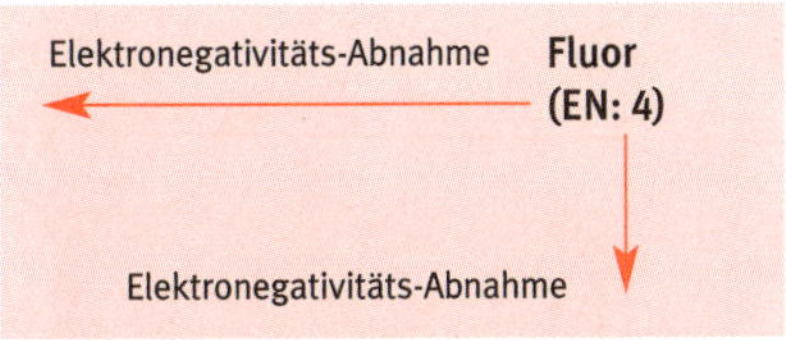

Veränderung der Elektronegativitäts-Werte innerhalb des Periodensystems

Elemente mit hoher Elektronegativität sind: F, O, N, Cl, Br. Fluor hat den höchsten Elektronegativitäts-Wert, da es sich bei F-Atomen um kleine, hoch geladene Atomrümpfe handelt.

Moleküle mit Zentren positiver und negativer Ladung sind (permanente) **Dipole**.

Ein Molekül ist ein **Dipol**, wenn
1. polare Atombindungen vorliegen.
2. das Molekül unsymmetrisch gebaut ist und daher die Ladungsschwerpunkte der positiven und negativen Partialladungen nicht zusammenfallen.

Beispiele:

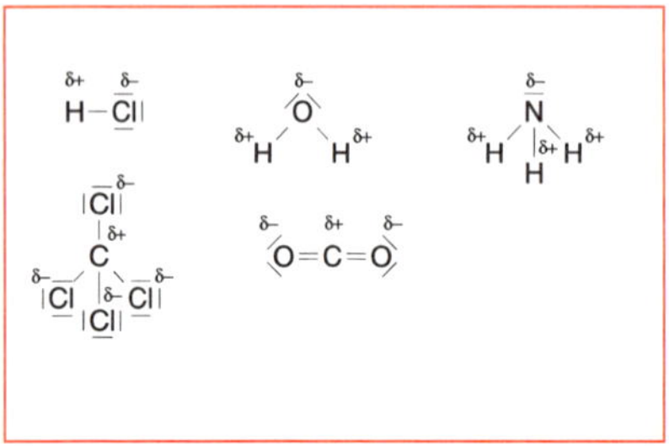

HCl, H_2O und NH_3 sind Dipolmoleküle, da die Atombindungen polar sind und der Ladungsschwerpunkt der positiven Partialladungen nicht mit dem Ladungsschwerpunkt der negativen Partialladungen zusammenfällt. CCl_4 und CO_2 sind trotz polarer Atombindungen keine Dipole, da die Ladungsschwerpunkte zusammenfallen: Bei CCl_4 liegen beide Ladungsschwerpunkte im Zentrum des Tetraeders, bei CO_2 in der Mitte des linearen Moleküls.

2.3 Metallische Bindung

In den Metallen sind die Atome als dichteste Kugelpackung angeordnet. Nach dem Elektronengas-Modell bewegen sich die Valenzelektronen wie Gasmoleküle frei zwischen den positiv geladenen Atomrümpfen.

2.4 Zwischenmolekulare Kräfte

2.4.1 Dipol-Dipol-Wechselwirkungen

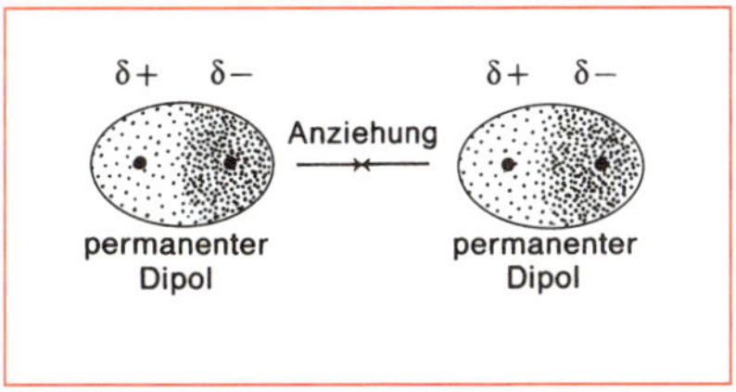

Dipolmoleküle ziehen sich an. Solche Anziehungskräfte zwischen **permanenten Dipolen** bezeichnet man als **Dipol-Dipol-Wechselwirkungen.** Je größer der Dipolcharakter eines Dipols ist, desto stärker ziehen sich die Moleküle an.

2.4.2 Van-der-Waals-Kräfte

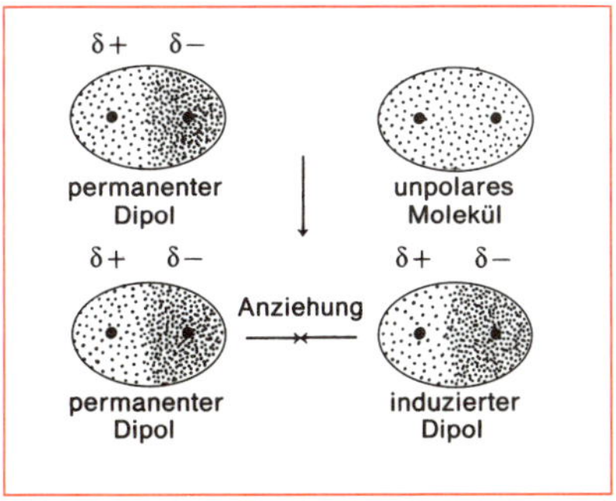

In Molekülen, die keine Dipole sind, verteilen sich die Elektronen nicht immer symmetrisch. Durch eine unsymmetrische Elektronenverteilung kann für kurze Zeit spontan ein schwacher Dipol entstehen, der die Elektronen benachbarter Moleküle verschiebt und die Moleküle dadurch polarisiert. Die schwachen Anziehungskräfte zwischen diesen **induzierten Dipolen** nennt man **Van-der-Waals-Kräfte,** die Moleküle – im Gegensatz zu den permanenten Dipolen – **temporäre Dipole.** Van-der-Waals-Kräfte sind schwache zwischenmolekulare Kräfte, die bei allen Molekülen auftreten. Bei großer Elektronenzahl der Teilchen – also bei großer Molekülmasse – können sie allerdings sehr groß sein, da große Moleküle leichter polarisierbar sind.

Beispiel: Das Iod-Molekül (I_2) besitzt aufgrund seiner hohen Molekülmasse starke Van-der-Waals-Kräfte und ist daher bei Raumtemperatur fest.

Dipol-Dipol-Wechselwirkungen und Van-der-Waals-Kräfte werden auch unter dem Oberbegriff Van-der-Waals-Bindung zusammengefasst.

2.4.3 Wasserstoffbrückenbindungen

Zwischen Molekülen, in denen **H-Atome an F-, O- oder N-Atomen** (= Elemente mit hoher Elektronegativität) gebunden sind, kommt es zur Ausbildung von **Wasserstoffbrückenbindungen.** Fluor, Sauerstoff und Stickstoff ziehen die Bindungselektronen so weit an, dass der Wasserstoff sehr stark positiv polarisiert wird. Die hohe positive Partialladung am H-Atom eines Moleküls und die hohe negative Partialladung am F-, O- oder N-Atom eines anderen Moleküls ziehen sich sehr stark an.

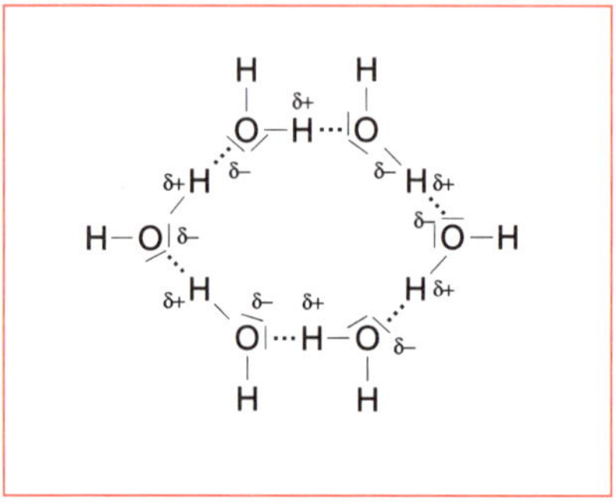

Wasserstoffbrückenbindungen treten z. B. auf zwischen H_2O- (→ Abbildung links), NH_3- und HF-Molekülen.

Wasserstoffbrückenbindungen stabilisieren die Sekundär- und Tertiärstruktur der Proteine und sind verantwortlich für die Basenpaarungen in der DNA.

Jedes Wassermolekül kann zu Nachbarmolekülen zwei Wasserstoffbrückenbindungen ausbilden. Die Wasserstoffbrücke wird zwischen einem H-Atom und einem freien Elektronenpaar des Sauerstoff-Atoms gebildet.

2.5 Schmelz- und Siedetemperaturen

Beim Schmelzen und Sieden von Verbindungen, die aus Molekülen bestehen, müssen die Anziehungskräfte zwischen den Molekülen überwunden werden. Schmelz- und Siedetemperaturen hängen daher bei diesen Verbindungen von den **Van-der-Waals-Kräften**, den **Dipol-Dipol-Wechselwirkungen** und den **Wasserstoffbrückenbindungen** ab.

! Hinweis: **Die zwischenmolekularen Kräfte dürfen nicht mit der Bindungsenergie (= Energie, die benötigt wird, um Atombindungen aufzuspalten) verwechselt werden.**

Moleküle, bei denen nur **Van-der-Waals-Kräfte** als zwischenmolekulare Kräfte auftreten, schmelzen und sieden in der Regel bereits bei tiefen Temperaturen.
Moleküle, die **Wasserstoffbrückenbindungen** ausbilden, haben hohe Schmelz- und Siedetemperaturen.

Van-der-Waals-Kräfte	↓ Schmelz- und Siedetemperaturen nehmen zu
◆ geringe Molekülmasse	
◆ hohe Molekülmasse	
Dipol-Dipol-Wechselwirkungen	
Wasserstoffbrückenbindungen	

Strategie zum Ordnen von Verbindungen nach Schmelz- und Siedetemperaturen

- Enthält die chemische Formel der Verbindung **Metall und Nichtmetall**, so handelt es sich um eine salzartige Verbindung, deren Schmelz- und Siedetemperatur von der **Gitterenergie** und damit der Ladung und dem Radius der Ionen abhängt (→ Ionenbindung). Ionenverbindungen schmelzen und sieden bei **hohen Temperaturen.**
- Enthält die chemische Formel der Verbindung **nur Nichtmetalle**, so hängen Schmelz- und Siedetemperatur von den zwischenmolekularen Kräften ab.
  - Sind H-Atome an F-, O- oder N-Atome gebunden, existieren **Wasserstoffbrückenbindungen.**
  - Handelt es sich bei dem Molekül um einen permanenten Dipol (polare Atombindungen und unsymmetrischer Bau des Moleküls), so herrschen **Dipol-Dipol-Wechselwirkungen** zwischen den Molekülen.
  - Ist das Molekül symmetrisch gebaut oder sind die Atombindungen unpolar, so kommen nur **Van-der-Waals-Kräfte** zwischen den Molekülen vor. Je größer die Molekülmasse ist, desto höher liegen Schmelz- und Siedetemperatur.

Beispiel:

Die Verbindungen H_2O, CaO, KI, CH_4, HBr, H_2 und NaCl sollen nach der Siedetemperatur geordnet werden.

Salzartige Verbindungen

CaO, NaCl, KI (geordnet nach Ladung und Ionenradius)

Moleküle

H_2O	Wasserstoffbrückenbindung
HCl	Dipol-Dipol-Wechselwirkungen
CH_4	Van-der-Waals-Kräfte
H_2	$m(CH_4) = 16\,u$, $m(H_2) = 2\,u$

$$\Rightarrow \underbrace{CaO,\ NaCl,\ KI,\ H_2O,\ HCl,\ CH_4,\ H_2}_{\longrightarrow}$$

Siedetemperatur nimmt ab

2.6 Löslichkeit

2.6.1 Lösen von Salzen in Wasser

Beim Lösen salzartiger Stoffe in Wasser muss die Anziehung der entgegengesetzt geladenen Ionen im Ionengitter (Gitterenergie) überwunden werden. Die Dipole des Wassers lagern sich an den Ionen der Gitteroberfläche an und lösen sie aus dem Kristall heraus. In wässriger Lösung sind alle Ionen von einer Hülle aus Wassermolekülen, der **Hydrathülle**, umgeben: Sie sind **hydratisiert**. Bei der Hydratation wird die **Hydratationsenergie** frei. Bei einem exothermen Lösevorgang erwärmt sich die Lösung (*Beispiel*: NaOH), bei einem endothermen Vorgang kühlt sich die Lösung ab (*Beispiel*: NH_4Cl).

2.6.2 Polare und unpolare Lösemittel

Verbindungen, die aus Molekülen bestehen, lösen sich dann gut in einem Lösemittel, wenn die Anziehungskräfte zwischen den Lösemittelteilchen von gleicher Größenordnung sind wie die Anziehungskräfte zwischen den Molekülen des zu lösenden Stoffes: **Gleiches löst sich in Gleichem.**

Dipole sind gut löslich in **polaren Lösemitteln** (z. B. Wasser). Stoffe mit **unpolaren Atombindungen oder symmetrischem Molekülbau** sind gut löslich in **unpolaren Lösemitteln** (z. B. Hexan).

Beispiele:

- Ethanol (C_2H_5OH) ist gut wasserlöslich, da zwischen den Ethanol- und den Wasserteilchen Wasserstoffbrückenbindungen ausgebildet werden können. Die Anziehungskräfte zwischen den Ethanol- und den Wasserteilchen sind daher von derselben Größenordnung wie die Anziehungskräfte zwischen den einzelnen Wassermolekülen.
- Iod (I_2) ist schlecht wasserlöslich, da Iod-Moleküle keine Dipole sind und daher nur schwache Anziehungskräfte zwischen den Iod- und den Wassermolekülen bestehen, während zwischen den einzelnen Wasserteilchen die starken Wasserstoffbrückenbindungen herrschen. Iod ist hingegen gut löslich in Hexan, da zwischen Hexan-Molekülen nur schwache **Van-der-Waals-Kräfte** existieren.

2.7 Zusammenfassung: chemische Bindung

Die Ionenbindung kann als Extremfall einer polaren Atombindung aufgefasst werden. Die meisten Bindungen sind weder reine Ionenbindungen noch reine polare Atombindungen: Je größer die Elektronegativitäts-Differenz ist, desto mehr überwiegt einerseits der ionische Anteil der Bindung.

Andererseits ziehen kleine hochgeladene Kationen (z. B. Al^{3+}-Ionen) die Elektronen der benachbarten (großen) Anionen an, sodass eine stark polare Atombindung entsteht.

Elemente in der Verbindung	Teilchen	Bindung	Siede- und Schmelz temperatur abhängig von:
Metall + Nichtmetall	Kationen und Anionen (in einem Ionengitter angeordnet)	Ionenbindung (elektrostatische Anziehung der Ionen)	Gitterenergie (Ladung und Radius der Ionen)
nur Nichtmetalle	Moleküle	Atombindung (gemeinsame Elektronenpaare, Molekülorbitale)	zwischenmolekulare Kräfte: Wasserstoffbrückenbindungen (wenn ein H-Atom an F-, O- oder N-Atome gebunden ist) Dipol-Dipol-Wechselwirkungen (wenn die Atombindung polar ist und das Molekül unsymmetrisch gebaut ist) Van-der-Waals-Kräfte
nur Metalle	Atomrümpfe und Elektronengas	metallische Bindung	Atomrümpfe (Ladung und Radius)

3 Chemische Reaktionen – energetisch betrachtet

3.1 Enthalpie

3.1.1 Energie und Enthalpie

Bei allen chemischen Reaktionen sind neben Stoff- auch **Energieumsätze** zu beobachten. Um Energieumsätze wissenschaftlich überprüfen zu können, müssen Experimente unter genau festgelegten Bedingungen ablaufen. Dabei wird immer nur ein exakt begrenzter Teil der Umwelt betrachtet, der als System bezeichnet wird. Als Umgebung wird hingegen alles das bezeichnet, was sich außerhalb des Systems befindet. So kann zum Beispiel ein mit 50 ml Zuckerlösung gefülltes Reagenzglas als System angesehen werden. Man unterscheidet offene, geschlossene und isolierte Systeme.

- Ein offenes System kann mit seiner Umgebung sowohl Energie als auch Materie austauschen, z. B. ein Becherglas mit kochendem Wasser.
- Ein geschlossenes System kann mit seiner Umgebung zwar keine Materie, aber Energie austauschen, beispielsweise eine Lösung in einem mit einem dichten Stopfen verschlossenen Reagenzglas, die man erhitzt und wieder abkühlen lässt.
- Ein isoliertes System kann mit seiner Umgebung weder Energie noch Materie austauschen, so stellt eine gasdicht verschlossene Thermoskanne ein annähernd isoliertes System dar.

Reaktionswärmen können entweder bei konstantem Volumen oder bei konstantem Druck gemessen werden.

- Wird bei **konstantem Volumen** gemessen, erhält man die **Reaktionsenergie ΔU**.
- Wird der **Druck konstant** gehalten, so misst man die **Reaktionsenthalpie ΔH**.

Da die meisten chemischen Reaktionen bei konstantem Druck – in der Regel bei Atmosphärendruck – ablaufen, werden vorzugsweise Reaktionsenthalpien gemessen und angegeben.

Aufgrund der Tatsache, dass der absolute Energieinhalt eines Systems sich weder messen noch berechnen lässt und somit nicht definiert ist, kann man nur **Enthalpieänderungen** angeben. Das Symbol »Δ« im Größenzeichen ΔH weist auf eben diese Enthalpie-**Differenz** hin. Die **Reaktionsenthalpie ΔH ist somit die Reaktionswärme bei konstantem Druck**. Ihr Wert erhält bei exothermen Reaktionen ein negatives Vorzeichen ($\Delta H < 0$): Das System verliert Wärme Q an die Umgebung. Bei endothermen Reaktionen hat die Reaktionsenthalpie ein positives Vorzeichen ($\Delta H > 0$). Das System nimmt also Wärme Q aus der Umgebung auf. Reaktionsenthalpien lassen sich z.B. mithilfe eines Kalorimeters bestimmen.

3.1.2 Berechnung von Reaktionsenthalpien

Enthalpieänderungen von Reaktionen können mit Werten der molaren Standard-Bildungsenthalpien $\Delta_f H_m^0$ (»f«: engl. *formation* = Bildung; »m«: molar) berechnet werden, die aus Tabellenwerken entnommen werden können (→ Tabelle nächste Seite).

!

Die Energie eines Systems ist ein Maß für die Fähigkeit dieses Systems, Arbeit zu verrichten oder Wärme abzugeben.
Einheit der Energie ist das Joule: 1 J = 1 N · m.

Unter Wärme versteht man die Energie, die aufgrund einer Temperaturdifferenz zwischen einem System und seiner Umgebung übertragen wird.

Energie kann weder geschaffen noch vernichtet werden. Energiearten können ineinander umgewandelt werden.

Einige Energiearten
Chemische Energie: Teil der Energie des Systems, der in chemischen Bindungen und zwischenmolekularen Wechselwirkungen gespeichert ist. Im Verlauf einer chemischen Reaktion wird durch Abbau und Neuaufbau von Bindungen ein Teil dieser chemischen Energie in andere Energiearten umgewandelt.
Kinetische Energie: Energie, die ein Objekt aufgrund seiner Bewegung besitzt
Wärmeenergie: Energie, die ein Objekt aufgrund seiner Temperatur besitzt

Erhaltungssatz
Während einer chemischen Reaktion verändern sich weder Gesamtmasse noch die Gesamtenergie von Ausgangs- und Endstoffen.

Molare Standard-Bildungsenthalpie

Die molare Standard-Bildungsenthalpie $\Delta_f H_m^0$ einer Verbindung entspricht der bei der Bildung von einem Mol der Verbindung bei Standardbedingungen aus den Elementen freigesetzten oder aufgenommenen Wärme.

Die Standardbedingungen beinhalten einen Druck (»^{0}«) von $p = 1013\,hPa$ und eine Temperatur von $T = 298\,K$; die Einheit der molaren Standard-Bildungsenthalpie ist $kJ \cdot mol^{-1}$.

Die molaren Standard-Bildungsenthalpien der **Elemente** sind für die stabilste Modifikation per Definition auf null gesetzt worden, da absolute Enthalpiewerte nicht messbar sind. Dabei ist auch zu beachten, dass die Werte der molaren Standard-Bildungsenthalpie immer für bestimmte Aggregatzustände der beteiligten Stoffe gelten. Ferner sind gebrochene Koeffizienten bei Reaktionsgleichungen erlaubt. Zur Berechnung der molaren Standard-Bildungsenthalpie einer Verbindung wird die Summe der molaren Standard-Bildungsenthalpien der Edukte von der molaren Standard-Bildungsenthalpie des Produkts subtrahiert. Die Summe der molaren Standard-Bildungsenthalpien der Edukte ist in der Regel null, da die Standard-Bildungsenthalpien der Elemente null sind.

Stoff	$\frac{\Delta_f H_m^0}{kJ \cdot mol^{-1}}$
H_2O (g)	– 242
H_2O (l)	– 285
O_2	0
H_2	0
H (g)	+ 218
$CaCO_3$	– 1207
CaO	– 635
CO_2	– 393
Cu^{2+} (aq)	+ 65
Ag^+ (aq)	+ 106
SO_2 (g)	– 297
SO_3(g) β	– 396

Molare Standard-Bildungsenthalpien

Beispielaufgabe

Berechnung der molaren Standard-Bildungsenthalpie von flüssigem Wasser

Reaktionsgleichung:

$H_2(g) + \frac{1}{2} O_2(g) \rightarrow H_2O(l)$

Standard-Bildungsenthalpien:

$0\,kJ \cdot mol^{-1}$	$0\,kJ \cdot mol^{-1}$	$-285\,kJ \cdot mol^{-1}$
Edukt	Edukt	Produkt

Berechnung:

$\Delta_f H_m^0 (H_2O) = \Delta_f H_m^0 (H_2O) - [\Delta_f H_m^0 (H_2) + \Delta_f H_m^0 (O_2)]$

$\Delta_f H_m^0(H2O) = -285\ kJ \cdot mol^{-1} - [0\,kJ \cdot mol^{-1} + 0\,kJ \cdot mol^{-1}]$

$\Delta_f H_m^0 (H_2O) = -285\,kJ \cdot mol^{-1}$

Von der molaren Standard-Bildungsenthalpie zur molaren Reaktionsenthalpie

Wenn die molaren Standard-Bildungsenthalpien von allen an der chemischen Reaktion beteiligten Stoffen bekannt ist, lässt sich die **molare Reaktionsenthalpie bei Standardbedingungen** $\Delta_R H^0_m$ (»R«: Reaktionsenthalpie) berechnen. Dabei wird die Summe der molaren Standard-Bildungsenthalpien der Edukte von der Summe der molaren Standard-Bildungsenthalpien der Produkte subtrahiert:

$$\Delta_R H^0_m = \Sigma\ \Delta_f H^0_m \text{ (Produkte)} - \Sigma\ \Delta_f H^0_m \text{ (Edukte)}$$

Beispielaufgabe

Berechnung der molaren Reaktionsenthalpie der Herstellung von Calciumoxid und Kohlenstoffdioxid aus Calciumcarbonat

Reaktionsgleichung:

$CaCO_3(s) \rightarrow CaO(s) + CO_2(g)$

Standard-Bildungsenthalpien:

$-1207\ kJ \cdot mol^{-1}$	$-635\ kJ \cdot mol^{-1}$	$-393\ kJ \cdot mol^{-1}$
Edukt	Produkt	Produkt

Berechnung:

$\Delta_R H^0_m = \Delta_f H^0_m (CaO) + \Delta_f H^0_m (CO_2) - \Delta_f H^0_m (CaCO_3)$

$\Delta_R H^0_m = -635\ kJ \cdot mol^{-1} - 393\ kJ \cdot mol^{-1} - [-1207\ kJ \cdot mol^{-1})]$

$\Delta_R H^0_m = +179\ kJ \cdot mol^{-1}$ (endotherme Reaktion)

Die molare Standard-Reaktionsenthalpie bezieht sich immer auf eine bestimmte Reaktionsgleichung.

Beispielaufgabe

Reduktion von in Wasser gelösten Silber-Ionen durch elementares Kupfer

a) **bezogen auf 1 mol Cu-Atome**

Reaktionsgleichung:

$Cu(s) + 2\ Ag^+(aq) \rightarrow Cu_2+(aq) + 2\ Ag(s)$

Berechnung:

$\Delta_R H^0_m = \Delta_f H^0_m (Cu^{2+}) + 2 \cdot \Delta_f H^0_m (Ag) - [\Delta_f H^0_m (Cu) + 2 \cdot \Delta_f H^0_m (Ag^+)]$

$\Delta_R H^0_m = +65\ kJ \cdot mol^{-1} + 2 \cdot 0\ kJ \cdot mol^{-1} - [0\ kJ \cdot mol^{-1} + 2 \cdot 106\ kJ \cdot mol^{-1}]$

$\Delta_R H^0_m = -147\ kJ \cdot mol^{-1}$

b) **bezogen auf 1 mol Ag^+-Ionen** (gebrochene Koeffizienten sind hierbei erlaubt):

Reaktionsgleichung:

$\frac{1}{2}\ Cu(s) + Ag^+(aq) \rightarrow \frac{1}{2}\ Cu^{2+}(aq) + Ag(s)$

Berechnung:

$$\Delta_R H_m^0 = \frac{1}{2} \Delta_f H_m^0 (Cu^{2+}) + \Delta_f H_m^0 (Ag) - \left[\frac{1}{2} \Delta_f H_m^0 (Cu) + \Delta_f H_m^0 (Ag^+)\right]$$

$$\Delta_R H_m^0 = \frac{1}{2} \cdot (+65)\,kJ \cdot mol^{-1} + 0\,kJ \cdot mol^{-1} - \left[\frac{1}{2} \cdot 0\,kJ \cdot mol^{-1} + 106\,kJ \cdot mol^{-1}\right]$$

$$\Delta_R H_m^0 = -73{,}5\,kJ \cdot mol^{-1}$$

3.1.3 Satz von Hess

In vielen Fällen können gleiche Produkte auf verschiedenen Wegen hergestellt werden. Da auch für chemische Reaktionen der Energieerhaltungssatz gilt, spielt der Reaktionsweg keine Rolle. Schon 1840 wurde der Satz von Hess formuliert:

Die Reaktionsenthalpie ist unabhängig vom Reaktionsweg, sie hängt nur vom Ausgangs- und Endzustand des Systems ab.

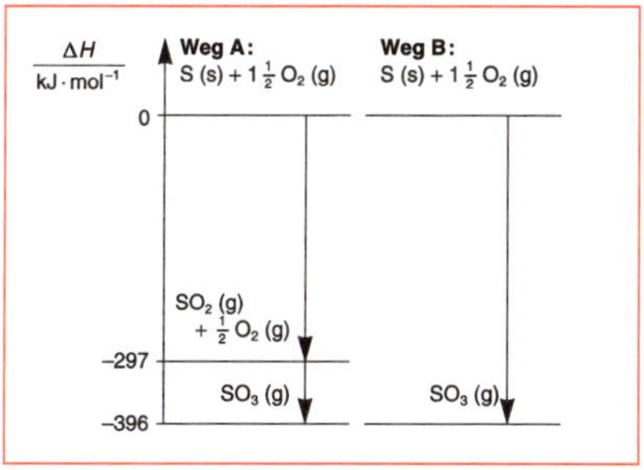

Wie aus nebenstehendem Enthalpiediagramm hervorgeht, beträgt die molare Reaktionsenthalpie für die Herstellung von $SO_3(g)$ auf 1 mol Schwefel bezogen immer $-396\,kJ \cdot mol^{-1}$, gleichgültig ob der Reaktionsweg über das Zwischenprodukt $SO_2(g)$ verläuft oder Schwefel direkt zu $SO_3(g)$ oxidiert wird.

3.2 Entropie

Es gibt viele endotherme chemische Reaktionen, die freiwillig ablaufen. So löst sich z. B. Kaliumnitrat unter Abkühlung in Wasser:

$$KNO_3(s) \rightarrow K^+(aq) + NO_3^-(aq): \Delta_R H_m^0 = +35\,kJ \cdot mol^{-1}$$

Ein weiteres Beispiel für eine spontan ablaufende endotherme Reaktion ist die Umsetzung von festem Natriumhydrogencarbonat mit Salzsäure, bei der Kohlenstoffdioxid, Wasser und gelöstes Kochsalz entstehen:

$$NaHCO_3(s) + HCl(aq) \rightarrow Na^+(aq) + Cl^-(aq) + CO_2(g) + H_2O(l)$$

Da diese chemischen Reaktionen ablaufen, obwohl sie nicht exotherm sind, kann die Enthalpie nicht der einzige Faktor für die Triebkraft einer chemischen Reaktion sein. Bei der genauen Untersuchung spontan ablaufender endothermer Reaktionen fällt auf, dass sich die Edukte meist in einem höher geordneten Zustand als die Produkte befinden. Die Edukte liegen häufig als Feststoffe in einem Kristallgitter vor, die Produkte treten meist im gasförmigen oder flüssigen Zustand auf. Das heißt, im Endzustand der betrachteten Reaktionen herrscht eine größere Unordnung als im Ausgangszustand. **Die Zunahme der Unordnung ist offensichtlich neben der Enthalpie ein weiterer Faktor für die Triebkraft einer chemischen Reaktion.**

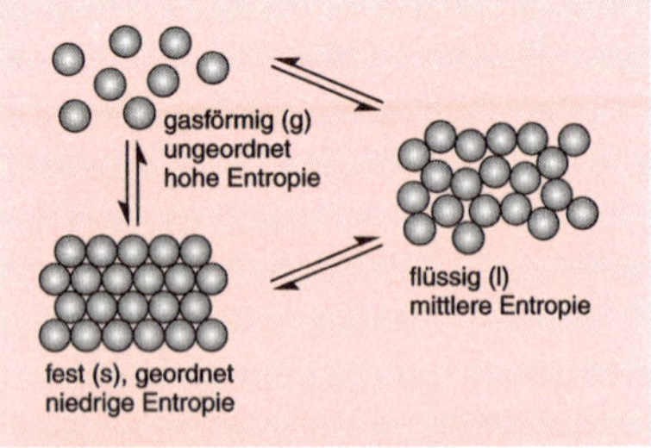

Aggregatzustand und Entropie

Zur Beschreibung des Ordnungszustandes eines Systems wird der Begriff **Entropie** verwendet. Die Entropie ist eine Größe, deren Wert mit steigender Unordnung zunimmt. Wenn also bei einer Reaktion aus einer Flüssigkeit ein Gas entsteht, nimmt der Unordnungsgrad zu und somit steigt die Entropie.

Der Österreicher Ludwig Boltzmann hat eine Beziehung formuliert, mit der man die **Entropie *S*** einer Substanz bei jeder beliebigen Temperatur berechnen kann:

$$S = k \cdot \ln W$$

Die **Boltzmann-Konstante *k*** ist der Quotient aus der allgemeinen Gaskonstante und der Avogadro-Konstante:

$k = R \cdot N_A^{-1}$. Ihr Wert beträgt $1{,}38 \cdot 10^{-23}\,\mathrm{J \cdot K^{-1}}$

»*W*« steht für die Unordnung des Systems und gibt an, auf wie viele verschiedene Arten sich Atome oder Moleküle einer Portion – ohne Änderung der Gesamtenergie – anordnen lassen.

Dies kann man sich an einem perfekt geordneten, also idealen Kristall aus einer Portion von zehn HCl-Molekülen am absoluten Nullpunkt folgendermaßen vorstellen:

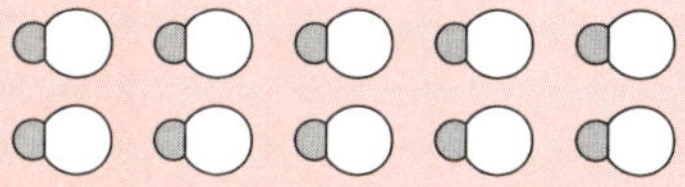

Portion von zehn HCl-Teilchen, die in einem idealen Kristall angeordnet sind: Die Teilchen sind gleichmäßig ausgerichtet. $T = 0$ K, $S = 0$, da höchste Ordnung vorliegt.

Am absoluten Nullpunkt (T = 0 K) bewegen sich die HCl-Teilchen im Gitter nicht mehr, das Volumen ist das kleinstmögliche. Die Teilchen sind im Gitter absolut gleichmäßig ausgerichtet (→ Abbildung rechts). Da keine Unordnung in der HCl-Portion herrscht, ist die Entropie null. Aufgrund der Tatsache, dass es nur **eine** mögliche Anordnung der Moleküle zu einem perfekten Kristall gibt, wird W gleich 1 gesetzt. Der natürliche Logarithmus von 1 ist null, somit wird S ebenfalls null:

$$S = k \cdot \ln 1; \quad S = 1{,}38 \cdot 10^{-23}\,\mathrm{J \cdot K^{-1}} \cdot 0 = 0$$

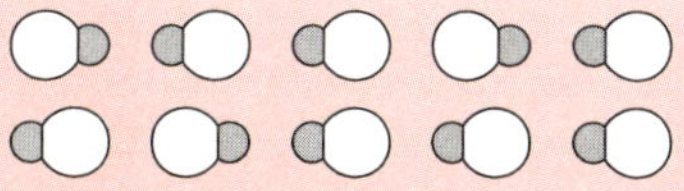

Portion von zehn HCl-Teilchen in einem Kristall, wobei die Teilchen unterschiedlich ausgerichtet sind. $T = 0$ K, $S > 0$, da Unordnung vorhanden ist.

In einer weiteren Betrachtung soll jedes Teilchen in diesem Kristall zwei Ausrichtungsmöglichkeiten annehmen können (→ Abbildung rechts). Für die zehn Teilchen gibt es dann zusammen

$W = 2 \cdot 2 \cdot 2 \cdot 2 \cdot ...... = 210$ Möglichkeiten

sich zu orientieren.

Daher ist die Entropie des nunmehr ungeordneten Kristalls:

$$S = k \cdot \ln 2^{10}$$

$$S = 1{,}38 \cdot 10^{-23}\,\mathrm{J \cdot K^{-1}} \cdot \ln 2^{10}$$

$$S = 9{,}565 \cdot 10^{-23}\,\mathrm{J \cdot K^{-1}}$$

Die Entropie ist somit größer als null. Da Teilchenportionen in der Regel in Größenordnungen von 10^{23} vorliegen, ergeben sich normalerweise Werte für die Entropie, die sich im Einer- bis Hunderterbereich bewegen. Darüber hinaus zeigt das Beispiel, dass absolute Entropiewerte existieren.

Entropieänderungen ΔS bei chemischen Reaktionen können mithilfe der Werte der molaren **Standard-Bildungsentropie** ΔS_m^0 (1013 hPa, 298 K) berechnet werden, die aus Tabellenwerken zu entnehmen sind. Die Werte sind in $J \cdot mol^{-1} \cdot K^{-1}$ angegeben. Die molare Standard-Bildungsentropie ist als die Entropieänderung, die mit der Bildung von einem Mol einer Verbindung bei Standardbedingungen aus den Elementen einhergeht, definiert.

Die molare Standard-Reaktionsentropie $\Delta_R S_m^0$ lässt sich in folgender Weise aus den molaren Standard-Bildungsentropien berechnen:

$$\Delta_R S_m^0 = \Sigma\, \Delta S_m^0 \text{ (Produkte)} - \Sigma\, \Delta S_m^0 \text{ (Edukte)}$$

Ist $\Delta_R S_m^0$ positiv, so nimmt die Entropie beim Ablauf der Reaktion zu, es entsteht also ein System mit einem geringeren Ordnungsgrad. Ist der Wert für $\Delta_R S_m$ negativ, so nimmt die Entropie ab.

3.3 Freie Enthalpie

Josiah Gibbs verknüpfte 1873 Enthalpie und Entropie zu einer neuen Größe *G*, der **freien Enthalpie** oder **Gibbs'schen Energie**. Dabei ist die freie Enthalpie die Differenz aus der (Gesamt-)Enthalpie H und dem Produkt aus Temperatur *T* und Entropie *S* eines Systems: $\boldsymbol{G = H - T \cdot S}$. Die freie Enthalpie *G* wird deswegen als **frei** bezeichnet, weil sie denjenigen Anteil der Gesamtenthalpie *H* eines Systems darstellt, welcher noch soweit geordnet ist, dass er für eine Arbeit **frei** zur Verfügung steht. Das Entropieglied »$T \cdot S$« hingegen beschreibt den Anteil an der Gesamtenthalpie *H*, der bereits ungeordnet ist und nicht mehr in Arbeit umgeordnet werden kann.

Änderungen von Enthalpie und Entropie führen bei einem Vorgang, der bei konstanter Temperatur abläuft, zur Änderung der freien Enthalpie:

$$\Delta G = \Delta H - T \cdot \Delta S$$

(**Gibbs-Helmholtz-Gleichung**).

Entsprechend gilt für chemische Reaktionen:

$$\Delta_R G_m = \Delta_R H_m - T \cdot \Delta_R S_m$$

Die Änderung der molaren freien Reaktionsenthalpie $\Delta_R G_m^0$ ist gleich der maximal möglichen Arbeit, die das stoffliche System im Verlauf einer Reaktion verrichten kann. Das Entropieglied »$T \cdot \Delta S$« ist der Anteil der (Gesamt-)Enthalpieänderung des Systems, der als thermische

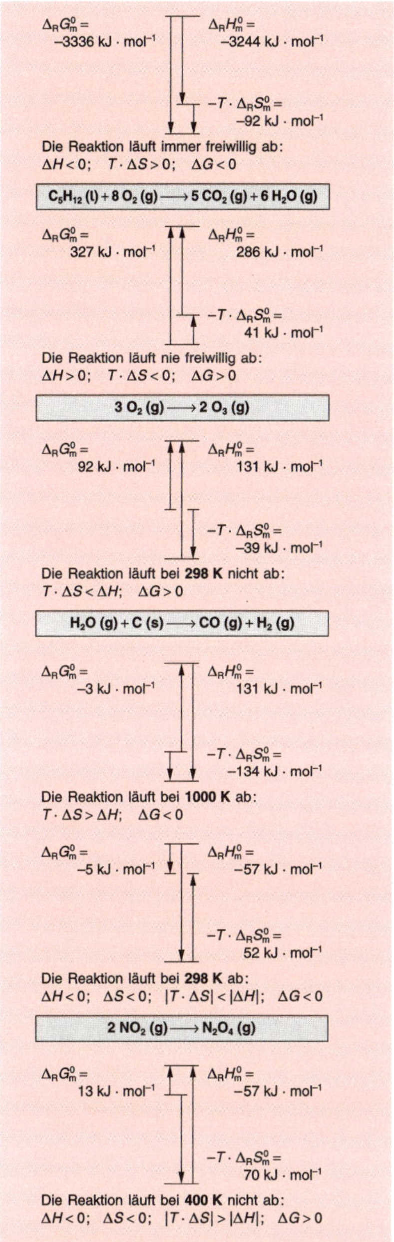

Entropie und Enthalpie im Zusammenspiel: Typen verschiedener Reaktionen

und chemische Energie in den Teilchen gespeichert wird und somit dem System nicht verloren geht.

Auch die molare freie Standard-Reaktionsenthalpie $\Delta_R G_m^0$ kann mithilfe von tabellierten Werten der molaren freien Standard-Bildungsenthalpien berechnet werden:

$$\Delta_R G_m^0 = \Sigma\, \Delta_f G_m^0\ (\text{Produkte}) - \Delta_f G_m^0\ (\text{Edukte})$$

Wenn die Änderung der freien Enthalpie $\Delta_R G_m^0$ negativ ist ($\Delta_R G_m^0 < 0$), läuft eine Reaktion **freiwillig** ab und es kann dabei physikalisch Arbeit geleistet werden. Derartige Reaktionen bezeichnet man als **exergonisch**. Ist $\Delta_R G_m^0 > 0$, so kann die Reaktion **nicht spontan** ablaufen, sie kann aber durch Arbeit erzwungen werden. Solche Reaktionen werden als **endergonisch** bezeichnet.

3.3.1 Entropie und Enthalpie im Zusammenspiel

Für den spontanen erfolgreichen Ablauf einer Reaktion ist es günstig, wenn nach dem Prinzip des Energieminimums $\Delta H < 0$ und wenn nach dem Prinzip des Entropiemaximums $\Delta S > 0$ ist. Typisches Beispiel hierfür ist die Verbrennungsreaktion von Pentan mit Sauerstoff. Die Reaktion ist stark exotherm, durch die Anzahl der dabei entstehenden gasförmigen Teilchen steigt die Entropie an.

$$C_5H_{12}\,(l) + 8\,O_2\,(g) \rightarrow 5\,CO_2\,(g) + 6\,H_2O\,(g);\quad \Delta_R G_m^0 = -3336\,\text{kJ}\cdot\text{mol}^{-1}$$

Reaktionen laufen nie freiwillig ab, wenn die Enthalpie zunimmt ($\Delta H > 0$) und die Entropie abnimmt ($\Delta S < 0$). So reagiert Sauerstoff nie freiwillig zu Ozon, da die Reaktion endotherm ist und die Teilchenzahl kleiner wird, das heißt die Ordnung zunimmt.

$$3\,O_2\,(g) \rightarrow 2\,O_3\,(g);\quad \Delta_R G_m^0 = +327\,\text{kJ}\cdot\text{mol}^{-1}$$

Endotherme Reaktionen können nur ablaufen, wenn eine bestimmte Temperatur überschritten wird, sodass das Produkt »$T\cdot\Delta S$« größer als ΔH und auf diese Weise ΔG negativ wird. Mit steigender Temperatur wächst der Einfluss von ΔS auf den Reaktionsverlauf. Als Beispiel hierfür kann man die Reaktion von Wasser mit Kohle nennen, die bei Zimmertemperatur nicht abläuft, aber bei 1000 K aufgrund des hohen Entropiewertes möglich wird, obwohl die Reaktion endotherm ist.

$$H_2O(g) + C(s) \rightarrow CO(g) + H_2(g)$$
$$\Delta_R G_m^0\ (298\,\text{K}) = +92\,\text{kJ}\cdot\text{mol}^{-1}$$
$$\Delta_R G_m^0\ (1000\,\text{K}) = -3\,\text{kJ}\cdot\text{mol}^{-1}$$

Exotherme Reaktionen mit abnehmender Entropie können nur unterhalb einer bestimmten Temperatur freiwillig ablaufen, solange $|T\cdot\Delta S| < |\Delta H|$ ist, z. B. reagiert

Stickstoffdioxid bei Zimmertemperatur exotherm zu Distickstofftetraoxid. Bei 400 K läuft diese Reaktion jedoch nicht mehr ab, da sie nun endergonisch geworden ist.

$2\,NO_2\,(g) \rightarrow N_2O_4\,(g)$

$\Delta_R G_m^0\,(298\,K) = -5\,kJ \cdot mol^{-1}$

$\Delta_R G_m^0\,(400\,K) = +13\,kJ \cdot mol^{-1}$

3.3.2 Zusammenfassung und Rückblick

Bei tiefen Temperaturen entscheidet hauptsächlich ΔH über den Ablauf einer chemischen Reaktion, bei hohen Temperaturen gewinnt ΔS zunehmend an Bedeutung. Das Entropieglied $T \cdot \Delta S$ ist also unter Umständen in der Lage, den Verlauf einer chemischen Reaktion umzukehren.

Die Triebkraft chemischer Reaktionen besteht in der Abnahme der Enthalpie und der Zunahme der Entropie. Beide Faktoren sind in der freien Enthalpie zusammengefasst. Somit liegt die Triebkraft chemischer Reaktionen in der Abnahme der freien Enthalpie.

Übersicht: Auswirkung von Enthalpie- und Entropieänderung auf den freiwilligen Ablauf von chemischen Reaktionen

Enthalpieänderung ΔH	Entropieänderung ΔS	T	Freie Enthalpieänderung $\Delta G = \Delta H - T \cdot \Delta S$	Kommentar
< 0; exotherm	> 0; Zunahme	klein groß	< 0; exergonisch < 0; exergonisch	in beiden Fällen spontane Reaktionen
< 0; exotherm	< 0; Abnahme	klein groß	< 0; exergonisch > 0; endergonisch	spontane Reaktion nur bei niedrigen Temperaturen
> 0; endotherm	< 0; Abnahme	klein groß	> 0; endergonisch > 0; endergonisch	in keinem Fall spontane Reaktionen
> 0; endotherm	> 0; Zunahme	klein groß	> 0; endergonisch < 0; exergonisch	nur bei hohen Temperaturen spontaner Reaktionsablauf

4 Reaktionsgeschwindigkeit

4.1 Definition

Die Geschwindigkeit einer Reaktion entspricht der zeitlichen Änderung der Konzentration eines an der Reaktion beteiligten Stoffes.

Die Reaktionsgeschwindigkeit v definiert man als Konzentrationsänderung Δc der Ausgangsstoffe oder der Produkte pro Zeitintervall Δt:

! $$v = \frac{\Delta c(\text{Produkt})}{\Delta t} = -\frac{\Delta c(\text{Ausgangsstoff})}{\Delta t}$$

Vor dem letzten Term steht ein Minuszeichen, da c (Ausgangsstoff) abnimmt.

4.2 Abhängigkeit vom Zerteilungsgrad (von der Oberfläche)

Damit reaktionsfähige Teilchenarten miteinander reagieren können, müssen sie zusammenstoßen. Je größer die Zahl (erfolgreicher) Zusammenstöße pro Zeiteinheit ist, desto größer ist die Reaktionsgeschwindigkeit.

Bei Stoffen, die in verschiedenen Phasen vorliegen, können Teilchen nur dann reagieren, wenn sie an der Phasengrenzfläche miteinander zusammenstoßen. Mit dem Zerteilungsgrad eines Stoffes wird die Oberfläche und damit die Phasengrenzfläche größer. Die Reaktionsgeschwindigkeit nimmt daher mit dem Zerteilungsgrad zu.

4.3 Konzentrationsabhängigkeit und Geschwindigkeitsgleichung

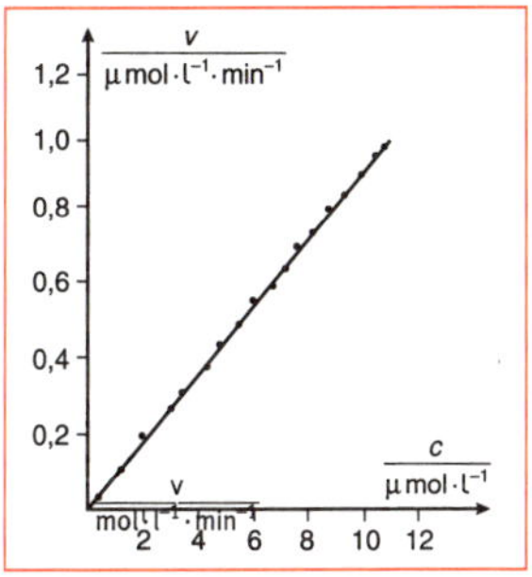

Trägt man die Reaktionsgeschwindigkeit in Abhängigkeit von der Konzentration des reagierenden Stoffes auf, so erhält man ein Geschwindigkeits/Konzentrations-Diagramm. Die Reaktionsgeschwindigkeit ist dabei proportional zur Konzentration: $v \sim c$.

Es gilt daher die Geschwindigkeitsgleichung $v = k \cdot c$. Da bei Gasen die Konzentration proportional dem Druck ist, gilt für Gase entsprechend $v = k \cdot p$.

Die Proportionalitätskonstante *k* ist dabei die **Geschwindigkeitskonstante.** Sie ist charakteristisch für eine Reaktion bei konstanter Temperatur.

Reagieren zwei Teilchenarten A und B miteinander, so nimmt die Zahl erfolgreicher Zusammenstöße zwischen Teilchenart A und Teilchenart B mit der Konzentration an A und B zu. Die Reaktionsgeschwindigkeit ist proportional zum Produkt der Konzentrationen an A und an B (Stoßtheorie). Es gilt daher die

! **Geschwindigkeitsgleichung** $v = k \cdot c(\mathrm{A}) \cdot c(\mathrm{B})$

4.4 Temperaturabhängigkeit

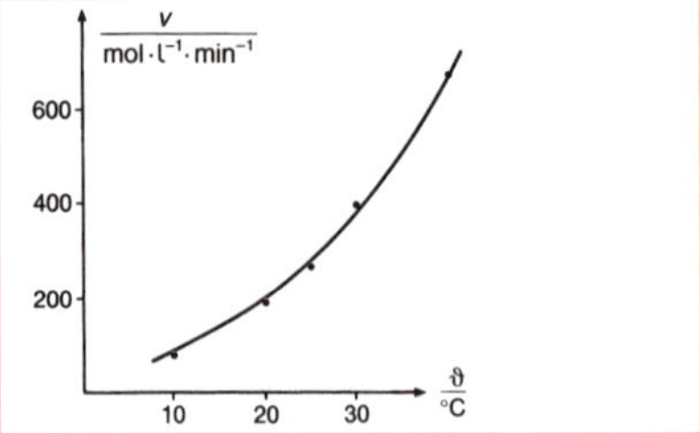

Trägt man die Reaktionsgeschwindigkeit in Abhängigkeit von der Temperatur auf, so gilt für viele Reaktionen die Reaktionsgeschwindigkeits/Temperatur-Regel (**RGT-Regel**): Die Reaktionsgeschwindigkeit steigt auf das Doppelte bis Vierfache, wenn man die Temperatur um 10 K erhöht.

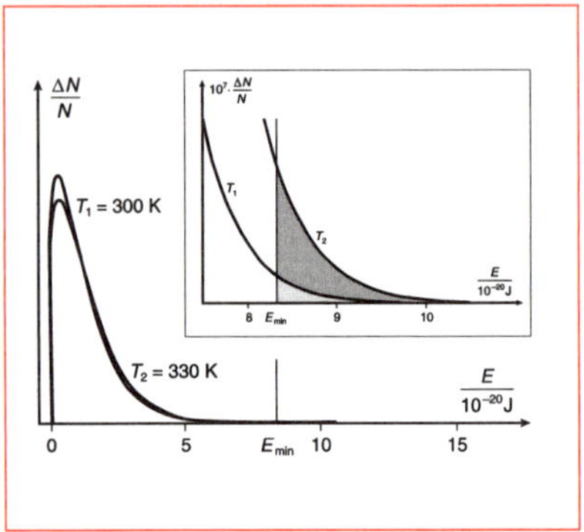

Nach **Boltzmann** haben gleichartige Teilchen auch bei gleich bleibender Temperatur unterschiedliche Energie. Für einen erfolgreichen Zusammenstoß müssen die Teilchen aber eine bestimmte Mindestenergie E_{min} besitzen. Erhöht man die Temperatur, so nimmt der Bruchteil der Teilchen mit dieser Mindestenergie zu, die Reaktionsgeschwindigkeit steigt daher bei Erwärmung exponentiell an.

4.5 Katalysatoren

Definition: Katalysatoren sind Stoffe, die eine Reaktion beschleunigen, am Ende aber wieder in der ursprünglichen Form vorliegen.

Im Reaktionsverlauf sind Katalysatoren an der Bildung von Zwischenstufen beteiligt. Dadurch ergibt sich ein Reaktionsweg mit geringerer **Aktivierungsenergie** und daher mit einer größeren Reaktionsgeschwindigkeit. Die Aktivierungsenergie entspricht gerade der Mindestenergie E_{min} der zusammenstoßenden Teilchen.

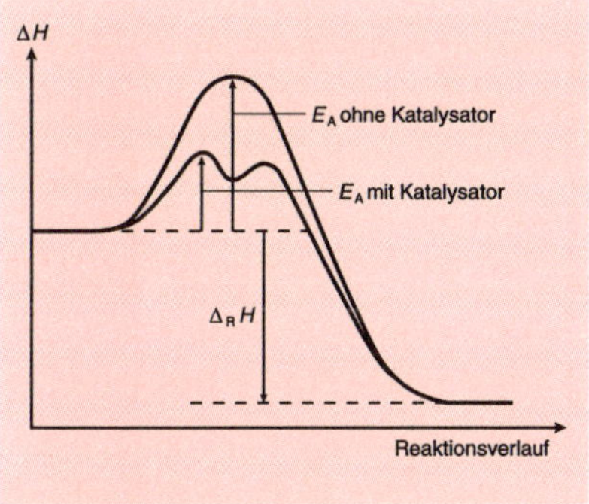

Energiediagramm einer Reaktion mit und ohne Katalysator

Bei einer **heterogenen Katalyse** liegen Katalysator und Edukte in verschiedenen Aggregatzuständen vor.

Beispiele:

a) $2\,H_2 + O_2 \xrightarrow{\text{Platin}} 2\,H_2O$

In Gegenwart von Platin entzündet sich Wasserstoff an der Luft schon bei Raumtemperatur: Die Wasserstoff-Moleküle dissoziieren an der Platinoberfläche. Der so gebildete atomare Wasserstoff reagiert dann mit an der Metalloberfläche gebundenen Sauerstoff-Molekülen.

b) $2\,H_2O_2 \xrightarrow{MnO_2} 2\,H_2O + O_2$

Bei einer **homogenen Katalyse** liegen Katalysator und Edukt in gleicher Phase vor.

Beispiel:

$2\,H_2O_2 \xrightarrow{\text{Iodid-Ionen}} 2\,H_2O + O_2$

Der Zerfall von Wasserstoffperoxid in wässriger Lösung wird von vielen Katalysatoren beschleunigt. Dabei wird z. B. bei Iodid-Ionen als Katalysator die Zwischenverbindung IO^- gebildet.

5 Chemisches Gleichgewicht

5.1 Umkehrbare Reaktionen und chemisches Gleichgewicht

Reaktionen sind prinzipiell umkehrbar. Dabei wird bei der **Rückreaktion** derselbe Energiebetrag umgesetzt wie bei der **Hinreaktion**, allerdings mit umgekehrtem Vorzeichen.
Beispiel:

$I_2(g) + H_2(g) \rightarrow 2\,HI\,(g)$; $\Delta_R H_m^0 = -10\,kJ \cdot mol^{-1}$ (exotherme Reaktion)

$2\,HI\,(g) \rightarrow H_2(g) + I_2(g)$; $\Delta_R H_m^0 = +10\,kJ \cdot mol^{-1}$ (endotherme Reaktion)

Chemisches Gleichgewicht

In einem **geschlossenen System** stellt sich für eine **umkehrbare Reaktion** bei konstanter Temperatur und bei konstantem Druck ein gleich bleibendes Stoffmengenverhältnis zwischen den Edukten (Ausgangsstoffen) und den Produkten (Endstoffen) ein.

Das chemische Gleichgewicht ist ein **dynamisches Gleichgewicht:** Pro Zeiteinheit entstehen durch die Hinreaktion genau so viele Teilchen des Endstoffes, wie Teilchen durch die Rückreaktion wieder zum Ausgangsstoff reagieren. Die Geschwindigkeiten von Hin- und Rückreaktion sind gleich groß: $v_{hin} = v_{rück}$.

Schreibweise für eine Reaktion im chemischen Gleichgewicht: $A + B \rightleftharpoons AB$

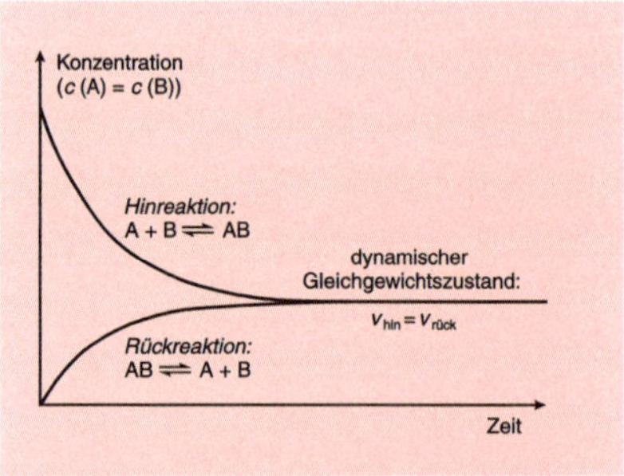

Zeitlicher Verlauf der Gleichgewichtseinstellung

5.2 Das Massenwirkungsgesetz

Ist A + B $\rightleftarrows$ C + D eine Reaktion im chemischen Gleichgewicht, so gilt für die Geschwindigkeit der Hinreaktion: $v_{hin} = k_{hin} \cdot c\,(A) \cdot c\,(B)$.

Für die Geschwindigkeit der Rückreaktion gilt: $v_{rück} = k_{rück} \cdot c\,(C) \cdot c\,(D)$, wobei v_{hin}, $v_{rück}$ die Reaktionsgeschwindigkeiten und k_{hin}, $k_{rück}$ die Reaktionsgeschwindigkeitskonstanten bedeuten.
Im dynamischen Gleichgewicht gilt: $v_{hin} = v_{rück}$

$\Rightarrow\ k_{hin} \cdot c\,(A) \cdot c\,(B) = k_{rück} \cdot c\,(C) \cdot c\,(D)$

$\Rightarrow\ \frac{k_{hin}}{k_{rück}} = \frac{c(C) \cdot c(D)}{c(A) \cdot c(B)}$ oder $K_c = \frac{c(C) \cdot c(D)}{c(A) \cdot c(B)}$

Für eine Reaktion a A + b B $\rightleftharpoons$ c C + d D im chemischen Gleichgewicht gilt:

! $$K_c = \frac{c^c(C) \cdot c^d(D)}{c^a(A) \cdot c^b(B)}$$

! **Massenwirkungsgesetz (MWG)**
Bei einem homogenen System im chemischen Gleichgewicht ist das Produkt der rechts stehenden Teilchen dividiert durch das Produkt der links stehenden Teilchen bei einer bestimmten Temperatur konstant.

Beispiel:
$H_2\,(g) + I_2\,(g) \rightleftharpoons 2\,HI\,(g)$
$K_c = \frac{c^2(HI)}{c(H_2) \cdot c(I_2)}$

Die **Gleichgewichtskonstante K_c** ist temperaturabhängig. Tabellierte Werte gelten für 298 K (25 °C). Die Einheit von K_c muss für jede Reaktion berechnet werden.

Für Reaktionen im Gaszustand wird oft statt des K_c-Wertes der K_p-Wert angegeben. Zur Berechnung von K_p werden statt der Konzentrationen die Partialdrücke der Gase in das Massenwirkungsgesetz eingesetzt.

Beispiel:
$N_2O_4(g) \rightleftharpoons 2\,NO_2(g)$
$K_p = \frac{p^2(NO_2)}{p(N_2O_4)}$
$p(NO_2)$, $p(N_2O_4)$: Partialdruck von NO_2, N_0O_4

Bedingungen für das Massenwirkungsgesetz

- geschlossenes System
- umkehrbare Reaktion
- chemisches Gleichgewicht
- **homogenes** System: Die beteiligten Stoffe müssen in Lösung oder als Gase vorkommen. Bei **heterogenen** Systemen werden feste Stoffe nicht berücksichtigt.

Beispiel:

$Ag^{+}(aq) + Fe^{2+}(aq) \rightleftharpoons Ag(s) + Fe^{3+}(aq)$

$$K_c = \frac{c(Fe^{3+})}{c(Ag^{+}) \cdot c(Fe^{2+})}$$

5.3 Verschieben der Gleichgewichtslage und das Prinzip von Le Chatelier

Die **Lage des Gleichgewichts** ist abhängig von Temperatur, Druck und den Konzentrationen der Reaktionspartner.

A + B $\rightleftharpoons$ AB: Gleichgewichtslage ist nach rechts (zugunsten der Endstoffe) verschoben.

A + B $\rightleftharpoons$ AB: Gleichgewichtslage ist nach links (zugunsten der Ausgangsstoffe) verschoben.

5.3.1 Temperaturabhängigkeit

Eine Temperaturerhöhung begünstigt die endotherme (Energie verbrauchende), eine Temperaturerniedrigung die exotherme Reaktionsrichtung.

Beispiel:

$N_2O_4\,(g) \rightleftharpoons 2\,NO_2\,(g)$; $\Delta_R H^0_m = +57\,kJ \cdot mol^{-1}$

farblos braun

Erhöht man die Temperatur, so wird die endotherme Bildung des braunen NO_2 begünstigt: Beim Erwärmen vertieft sich daher die Färbung des Gasgemisches N_2O_4/NO_2. **Erniedrigt man** die Temperatur, so verschiebt sich die Lage des Gleichgewichts zugunsten des farblosen N_2O_4. Beim Abkühlen kommt es daher zur Aufhellung des Gasgemisches.

5.3.2 Druckabhängigkeit

Eine Druckerhöhung begünstigt die Reaktionsrichtung, bei der Stoffe mit kleinerem Volumen gebildet werden. Bei Gasen sind dies die Stoffe mit kleinerer Teilchenzahl.

Beispiel:

$$N_2O_4\,(g) \underset{\text{Druckerhöhung}}{\overset{\text{Druckerniedrigung}}{\rightleftharpoons}} 2\,NO_2\,(g)$$

Beim Zerfall von N_2O_4 in NO_2 verdoppelt sich die Teilchenzahl und damit das Volumen, da gleiche Volumina verschiedener Gase bei gleichem Druck und gleicher Temperatur gleich viele Teilchen enthalten (**Avogadro**).

5.3.3 Konzentrationsabhängigkeit

Eine Konzentrationserhöhung eines Reaktionspartners begünstigt die Reaktionsrichtung, in der dieser Stoff verbraucht wird.

Beispiel:

$$Fe^{3+}\,(aq) + 3\,SCN^-\,(aq) \rightleftharpoons Fe(SCN)_3\,(aq)$$

Erhöht man die Konzentration an Fe^{3+}- oder an SCN^--Ionen, so kommt es zur Farbvertiefung, da die Bildung von rotem $Fe(SCN)_3$ bevorzugt abläuft.

Damit Ausgangsstoffe vollständig umgesetzt werden, das Gleichgewicht also vollständig zugunsten eines Produkts verschoben wird, muss dieses Produkt oder ein Produktpartner ständig aus dem Reaktionsgemisch entfernt werden, um eine Rückreaktion zu verhindern. Dies ist z. B. dann der Fall, wenn eines der Reaktionsprodukte als Gas entweicht.

5.3.4 Prinzip von Le Chatelier (Prinzip vom kleinsten Zwang)

! **Jede Störung eines Gleichgewichts durch die Änderung der äußeren Bedingungen (Temperatur-, Druck- oder Konzentrationsänderung) führt zu einer Verschiebung des Gleichgewichts, die der Störung entgegenwirkt.**

5.4 Löslichkeitsprodukt

In einer **gesättigten** wässrigen Lösung einer **salzartigen Verbindung** sind die Konzentrationen an Ionen für eine bestimmte Temperatur konstant.

Das **Löslichkeitsgleichgewicht** ist ein dynamisches Gleichgewicht: Pro Zeiteinheit gehen in einer gesättigten Lösung genauso viele Ionen in Lösung wie sich aus der Lösung im Bodenkörper ablagern.

Die Lage des Löslichkeitsgleichgewichts wird durch das **Löslichkeitsprodukt K_L** beschrieben.

Salz vom Formeltyp AB

$AB\,(s) \rightleftharpoons A\,(aq) + B\,(aq);\quad K_L(AB) = c(A) \cdot c(B)$

Beispiel:

$AgCl\,(s) \rightleftharpoons Ag^+(aq) + Cl^-(aq)$

$K_L(AgCl) = c(Ag^+) \cdot c(Cl^-)$

Salz vom Formeltyp AB_2

$AB_2(s) \rightleftharpoons A\,(aq) + 2\,B\,(aq)$

$K_L(AB_2) = c(A) \cdot c^2(B)$

Beispiel:

$Ca(OH)_2(s) \rightleftharpoons Ca^{2+}(aq) + 2\,OH^-(aq)$

$K_L(Ca(OH)_2) = c(Ca^{2+}) \cdot c^2(OH^-)$

pK_L = negativer dekadischer Logarithmus des Zahlenwertes von K_L.

Beispiel:

$K_L(AgCl) = 2 \cdot 10^{-10}\,mol^2 \cdot l^{-2};\quad pK_L = 9{,}7$

Ein kleiner K_L-Wert (ein großer pK_L-Wert) bedeutet niedrige Ionenkonzentration in der Lösung, also eine schlechte Löslichkeit des Salzes.

Strategie beim Lösen von Aufgaben zum Löslichkeitsprodukt

!
1. **Löslichkeitsgleichgewicht formulieren**
2. **Löslichkeitsprodukt K_L aufstellen**
3. **Die Gleichung für das Löslichkeitsprodukt enthält drei Größen. Sind zwei der Größen angegeben, so lässt sich die dritte Größe berechnen. Kennt man nur eine der drei Größen, so muss man eine der beiden unbekannten Größen durch die andere unbekannte ersetzen.**

Beispielaufgabe 1

Berechnen Sie die Konzentrationen an Ca^{2+}- und F^--Ionen in einer gesättigten CaF_2-Lösung, wenn $pK_L(CaF_2) = 10{,}4$ ist.

Lösung zu Aufgabe 1

K_L ist bekannt, $c(Ca^{2+})$ und $c(F^-)$ sind unbekannt.

$K_L = 10^{-10,4}\ mol^3 \cdot l^{-3} = 4 \cdot 10^{-11}\ mol^3 \cdot l^{-3}$

$$CaF_2\,(s) \rightleftharpoons \underset{1\,mol}{Ca^{2+}(aq)} + \underset{2\,mol}{2\,F^-(aq)}$$

$$\Rightarrow \frac{c(Ca^{2+})}{c(F^-)} = \frac{1}{2};\quad c\,(Ca^{2+}) = \frac{1}{2}\,c\,(F^-)$$

$c(F^-) = 2 \cdot c\,(Ca^{2+});\quad K_L = c\,(Ca^{2+}) \cdot c^2(F^-)$

$c(F^-)$ wird durch $c(Ca^{2+})$ ersetzt:

$c(Ca^{2+}) \cdot (2 \cdot c(Ca^{2+}))^2 = 4 \cdot 10^{-11} mol^3 \cdot l^{-3}$

$c(Ca^{2+}) = \sqrt[3]{\frac{1}{4} \cdot 4 \cdot 10^{-11} mol^3 \cdot l^{-3}}$

$c(Ca^{2+}) = 2{,}15 \cdot 10^{-4}\ mol \cdot l^{-1}$

$c(F^-) = 4{,}3\,.\,10^{-4}\ mol \cdot l^{-1}$

Beispielaufgabe 2

Wie hoch muss die Konzentration an Ag^+-Ionen sein, damit aus einer NaCl-Lösung mit der Stoffmengenkonzentration $c(NaCl) = 0{,}1\ mol \cdot l^{-1}$ das schwerlösliche AgCl ausfällt? $pK_L(AgCl) = 9{,}7$.

Lösung zu Aufgabe 2

K_L und $c(Cl^-)$ sind bekannt, $c(Ag^+)$ ist unbekannt.

$K_L = 10^{-9,7}\ mol^2 \cdot l^{-2} = 2 \cdot 10^{-10}\ mol^2 \cdot l^{-2}$

$c(Cl^-) = 0{,}1\ mol \cdot l^{-1}$

$AgCl\,(s) \rightleftharpoons Ag^+(aq) + Cl^-(aq)$

$K_L = c(Ag^+) \cdot c(Cl^-)$

$$c(Ag^+) = \frac{K_L}{c(Cl^-)} = \frac{2 \cdot 10^{-10}\,mol^2 \cdot l^{-2}}{0{,}1\,mol \cdot l^{-1}} = 2 \cdot 10^{-9}\,mol \cdot l^{-1}$$

Hinweis

Nur bei Salzen **vom gleichen Formeltyp** kann man anhand der pK_L-Werte die Löslichkeiten direkt miteinander vergleichen.

Will man die Löslichkeit eines Salzes vom Typ AB mit der Löslichkeit eines Salzes vom Typ AB_2 vergleichen, so muss man für beide Salze die Konzentrationen $c(A)$ berechnen. Das Salz mit der höheren Konzentration $c(A)$ ist das besser lösliche Salz.

6 Säure/Base-Reaktionen – Protolysen

6.1 Wichtige Definitionen nach der Brönsted-Säure/Base-Theorie

Nach Brönsted bezeichnet man ein Teilchen, das ein H^+-Ion (Proton) abgibt, als **Säure**. Eine **Brönstedt-Base** nimmt ein H^+-Ion (Proton) auf.

! Säure: Protonendonator
Base: Protonenakzeptor

Ein Teilchen, das sowohl als Säure als auch als Base reagieren kann, heißt Ampholyt (amphoteres Teilchen). Das Reaktionsverhalten hängt dabei vom Partner ab.
Beispiele: H_2O, HCO_3^-, HSO_4^-

Beispiele:
$H_2O + HCl \rightleftharpoons H_3O^+ + Cl^-$
$H_2O + NH_3 \rightleftharpoons OH^- + NH_4^-$

Zwei Teilchen, die sich nur durch ein H^+-Ion unterscheiden, werden korrespondierendes Säure/Base-Paar genannt.
Beispiel: HCl/Cl^-, H_2O/OH^-, H_3O^+/H_2O.

Den Protonenübergang zwischen einer **Brönstedt-Säure** HA und einer **Brönstedt-Base** B bezeichnet man als Protolyse.
Protolysen sind **Gleichgewichtsreaktionen:**

$HA + B \rightleftharpoons A^- + HB^+$

Bei einer Protolyse wird jeweils nur ein H^+-Ion übertragen.

6.2 pH-Wert

Definition: Der pH-Wert ist der negative dekadische Logarithmus des Zahlenwertes der Hydronium-Ionen $(H_3O^+(aq))$:

! $$pH = -\lg \frac{c(H_3O^+)}{mol \cdot l^{-1}} \quad \text{und} \quad c(H_3O^+) = 10^{-pH}\, mol \cdot l^{-1}$$

Herleitung des pH-Wertes

Autoprotolyse des Wassers:

$H_2O\,(l) + H_2O\,(l) \rightleftharpoons H_3O^+(aq) + OH^-(aq)$

$K_c = \frac{c(H_3O^+) \cdot c(OH^-)}{c^2(H_2O)}$, da $c(H_2O) = \text{const.}$, gilt:

! Ionenprodukt des Wassers bei 25 °C:
$$K_w = c(H_3O^+) \cdot c(OH^-) = 10^{-14}\, mol^2 \cdot l^{-2}$$

Das Produkt von $c(H_3O^+)$ und $c(OH^-)$ ist also immer konstant. Da in reinem Wasser H_3O^+-Ionen nur durch die Autoprotolyse des Wassers entstehen, beträgt $c(H_3O^+)$ in reinem Wasser $10^{-7}\, mol \cdot l^{-1}$, $pH = 7$.

Die pH-Skala reicht von 0 bis 14:

!
sauer: $pH < 7$
neutral: $pH = 7$
alkalisch = basisch: $pH > 7$

Analog zum pH-Wert wird der **pOH-Wert** definiert:

$pOH = -\lg \frac{c(OH^-)}{mol \cdot l^{-1}}$

Es gilt: $pH + pOH = pK_W = 14$

wobei $pK_W = -\lg \frac{K_w}{mol^2 \cdot l^{-2}}$

Hinweis: pH-Werte gelten nur für verdünnte wässrige Lösungen ($c \leq 1\, mol \cdot l^{-1}$), da bei höher konzentrierten Lösungen $c(H_2O)$ nicht mehr konstant ist und daher das Ionenprodukt des Wassers nicht mehr gilt.

6.3 Die Stärke von Säuren und Basen

Der pH-Wert ist als Maß für die Säure- bzw. Basestärke nicht geeignet, da er konzentrationsabhängig ist. Ein Maß für die Stärke einer Säure (Base) ist die **Säurekonstante K_S (Basenkonstante K_B)**.

Starke Säuren und Basen sind in Wasser (fast) vollständig protolysiert. Schwache Säuren und Basen protolysieren in Wasser unvollständig; es stellt sich ein Protolysengleichgewicht ein.

Herleitung des K_S-Wertes

$HA\,(aq) + H_2O\,(l) \rightleftharpoons H_3O^+\,(aq) + A^-\,(aq)$

HA: Säure

! $$K_S = K_c \cdot c(H_2O) = \frac{c(H_3O^+) \cdot c(A^-)}{c(HA)} \quad \text{und} \quad pK_S = -\lg \frac{K_S}{mol \cdot l^{-1}}$$

Je größer also K_S und je kleiner pK_S ist, desto mehr ist die Lage des Protolysengleichgewichts nach rechts verschoben und desto stärker ist die Säure.

Herleitung des K_B-Wertes

$B\,(aq) + H_2O\,(l) \rightleftharpoons HB^+\,(aq) + OH^-\,(aq)$

B: Base

! $$K_B = K_c \cdot c(H_2O) = \frac{c(HB^+) \cdot c(OH^-)}{c(B)} \quad \text{und} \quad pK_B = -\lg \frac{K_B}{mol \cdot l^{-1}}$$

Je größer also K_B und je kleiner pK_B ist, desto mehr ist die Lage des Protolysegleichgewichts nach rechts verschoben und desto stärker ist die Base.

Einteilung der Säuren und Basen nach der Stärke

pK_S bzw. pK_B	Stärke der Säure bzw. Base
≤ 0	sehr stark
0 bis 4	mittelstark
4 bis 10	schwach
≥ 10	sehr schwach

! **Für ein korrespondierendes Säure/Base-Paar gilt:**
$pK_S(HA) + pK_B(A^-) = 14$

6.4 Voraussage von Protolysegleichgewichten

Die Lage des Gleichgewichts $HA + B \rightleftharpoons A^- + HB^+$ lässt sich ermitteln, indem man $pK_S(HA)$ mit $pK_S(HB^+)$ vergleicht. Ist HA die stärkere Säure und besitzt daher einen kleineren pK_S-Wert als HB^+, so ist die Lage des Gleichgewichts nach rechts verschoben. Ist $pK_S(HB^+) < pK_S(HA)$, so ist die Lage des Gleichgewichts nach links verschoben.

Je größer die Differenz zwischen $pK_S(HA)$ und $pK_S(HB^+)$ ist, desto mehr ist die Gleichgewichtslage zugunsten einer Richtung verschoben.

Beispiele:

$CH_3COOH + NH_3 \rightleftharpoons CH_3COO^- + NH_4^+$
$pK_S = 4{,}65$ $pK_S = 9{,}37$

$HPO_4^{2-} + HCOO^- \rightleftharpoons PO_4^{3-} + HCOOH$
$pK_S = 11{,}7$ $pK_S = 3{,}65$

$H_2PO_4^- + ClO^- \rightleftharpoons HPO_4^{2-} + HClO$
$pK_S = 6{,}9$ $pK_S = 7{,}25$

Hinweis: Für die Lage des Gleichgewichts ist auch entscheidend, ob bei der Reaktion Stoffe als Gase oder durch eine Fällung aus dem Gleichgewicht entfernt werden (→ Prinzip von Le Chatelier).

6.5 pH-Berechnungen

pH-Werte lassen sich nur für starke Säuren/Basen (pK_S, $pK_B \leq 0$) und für schwache Säuren/Basen ($4 \leq pK_S$, $pK_B \leq 10$) berechnen, da sonst keine Vereinfachungen bei der pH-Berechnung gelten.

6.5.1 pH-Berechnung einer starken Säure/Base in wässriger Lösung (pK_S, $pK_B \leq 0$)

a) starke Säure $HA\,(aq) + H_2O\,(l) \rightarrow H_3O^+(aq) + A^-(aq)$

Vereinfachungen:

1. HA ist (fast) vollständig protolysiert: $c(H_3O^+) \approx c_0(HA)$, wobei $c_0(HA)$ die Anfangskonzentration von HA ist.
2. Die H_3O^+-Ionen aus der Autoprotolyse des Wassers werden vernachlässigt.
   Es gilt daher: $c(H_3O^+) = c_0(A^-)$ und

! $$\mathbf{pH = -\lg \frac{c_0(HA)}{mol \cdot l^{-1}}}$$

Wichtige starke Säuren: $HClO_4$, HI, HCl, HNO_3.

Rechenbeispiel:

$pK_S(HCl) = -6$.

Berechnen Sie den pH-Wert einer Salzsäure mit $c_0(HCl) = 0{,}5\,mol \cdot l^{-1}$.

$pH = -\lg 0{,}5 = 0{,}3$

b) starke Base $B\,(aq) + H_2O\,(l) \rightarrow HB^+\,(aq) + OH^-\,(aq)$

Vereinfachungen:

1. B ist (fast) vollständig protolysiert: $c(OH^-) \approx c_0(B)$, wobei $c_0(B)$ die Anfangskonzentration von B ist.
2. Die OH^--Ionen aus der Autoprotolyse des Wassers werden vernachlässigt.
   Es gilt daher: $c(OH^-) = c_0(B)$ und

! $$\mathbf{pOH = -\lg \frac{c_0(B)}{mol \cdot l^{-1}}}$$

oder aufgrund von $pH + pOH = 14$: $\mathbf{pH = 14 + \lg \frac{c_0(B)}{mol \cdot l^{-1}}}$

Stärkste (stabile) Base in wässriger Lösung: OH^+ (z. B. NaOH (aq), KOH (aq)).

Rechenbeispiel:

Berechnen Sie die Stoffmengenkonzentration einer Natronlauge mit pH = 12,5.

$pOH = 1{,}5$

$c_0 = 10^{-1{,}5}\,mol \cdot l^{-1} = 0{,}032\,mol \cdot l^{-1}$

6.5.2 pH-Berechnung einer schwachen Säure/Base in wässriger Lösung ($4 \leq pK_S, pK_B \leq 10$)

a) schwache Säure $HA(aq) + H_2O(l) \rightleftharpoons H_3O^+(aq) + A^-(aq)$

Vereinfachungen:

1. HA ist kaum protolysiert: $c(HA) = c_0(HA)$, wobei $c_0(HA)$ die Anfangskonzentration von HA ist.
2. Die H_3O^+-Ionen aus der Autoprotolyse des Wassers werden vernachlässigt.
   Es gilt daher: $c(H_3O^+) = c(A^-)$
   $K_S = \frac{c^2(H_3O^+)}{c_0(HA)}$ und

! $\mathbf{pH = \frac{1}{2} \cdot (pK_S - \lg c_0(HA))}$

Wichtige schwache Säuren: CH_3COOH (Essigsäure), H_2S, NH_4^+, die meisten organischen Säuren.

Rechenbeispiel:

Berechnen Sie den pH-Wert einer Essigsäure-Lösung mit $c_0(CH_3COOH) = 0{,}1\ mol \cdot l^{-1}$, wenn der pK_S dieser Säure 4,65 beträgt.

$pH = \frac{1}{2} \cdot (4{,}65 - \lg 0{,}1) = 2{,}8$

b) schwache Base $B(aq) + H_2O(l) \rightleftharpoons HB^+(aq) + OH^-(aq)$

Vereinfachungen:

1. B ist kaum protolysiert: $c(B) = c_0(B)$, wobei $c_0(B)$ die Anfangskonzentration von B ist.
2. Die OH^--Ionen aus der Autoprotolyse des Wassers werden vernachlässigt.
   Es gilt daher: $c(OH^-) = c(HB^+)$
   $K_B = \frac{c^2(OH^-)}{c_0(B)}$ und

! $\mathbf{pOH = \frac{1}{2} \cdot (pK_B - \lg c_0(B))}$ oder $\mathbf{pH = 14 - \frac{1}{2} \cdot (pK_B - \lg c_0(B))}$

Wichtige schwache Basen: NH_3, CH_3COO^- (Acetat), HS^-.

Rechenbeispiel:

Berechnen Sie die Stoffmengenkonzentration einer Ammoniaklösung mit pH = 11; $pK_B(NH_3) = 4{,}63$

$\lg c_0 = 2 \cdot pH - 28 + pK_B = -1{,}37$

$c_0 = 10^{-1{,}37}\ mol \cdot l^{-1} = 0{,}043\ mol \cdot l^{-1}$

6.6 Experimentelle Bestimmung des pH-Wertes: Indikatoren

Bei Indikatoren handelt es sich um farbige organische (schwache) Säuren oder Basen, deren korrespondierende Basen bzw. Säuren eine andere Farbe besitzen. In wässriger Lösung stellt sich ein Protolysengleichgewicht ein:

$$HIn(aq) + H_2O\,(l) \rightleftarrows H_3O^+\,(aq) + In^-\,(aq)$$

HIn: Farbe 1; In^-: Farbe 2

Die Mischfarbe zwischen Farbe 1 und Farbe 2 entsteht, wenn $c(HIn) = c(In^-)$.

Am **Umschlagspunkt** gilt also: $pH = pK_S$.

Das Auge erkennt einen Farbwechsel aber erst, wenn eine der beiden Farben mit ca. zehnfachem Überschuss vorliegt.

! Für den **Umschlagsbereich** eines Indikators gilt daher:
$pH = pK_S \pm 1$

Übersicht über wichtige Indikatoren

Indikator	pK_S	Farbe von HIn	Farbe von In^-
Methylorange	4,0	rot	orange
Methylrot	5,8	rot	gelb
Lackmus	6,8	rot	blau
Bromthymolblau	7,1	gelb	blau
Phenolphthalein	8,4	farblos	rot

Hinweis: Der Umschlagspunkt von Indikatoren liegt also nicht unbedingt beim Neutralpunkt. Universalindikatoren oder pH-Teststäbchen erlauben eine ungefähre Bestimmung des pH-Wertes. Exakt lässt sich der pH-Wert aber nur mit einem pH-Meter bestimmen.

6.7 Salzprotolyse

Die Ionen, aus denen Salze bestehen, sind selbst Brönsted-Säuren oder Brönsted-Basen, die mit Wasser reagieren und dabei H_3O^+- oder OH^--Ionen bilden. Salzlösungen sind daher nicht unbedingt neutral, wie man an folgenden Beispielen sieht:

Salze, die sauer reagieren

- NH_4Cl (aq); pK_S (NH_4^+) = 9,4

  $NH_4^+ (aq) + H_2O (l) \rightleftharpoons NH_3 (aq) + H_3O^+ (aq)$

  Cl^- ist als korrespondierende Base einer sehr starken Säure extrem schwach und daher ohne Einfluss auf den pH-Wert der Salzlösung. Da H_3O^+-Ionen gebildet werden: $pH < 7$.
- $FeCl_3$ (aq)

  Alle Ionen in wässriger Lösungen sind von einer Hydrathülle umgeben. Bei dreifach geladenen Kationen (Fe^{3+}, Al^{3+}) werden die Wasser-Moleküle der Hydrathülle durch die hohe Ladung des Kations stark polarisiert. H^+ kann leicht abgespalten werden, das hydratisierte Kation wirkt als Säure.

  $[Fe(H_2O)_6]^{3+}(aq) + H_2O (l) \rightleftharpoons [Fe(H_2O)_5OH]^{2+}(aq) + H_3O^+(aq)$

  Da H_3O^+-Ionen gebildet werden und Cl^- eine extrem schwache Base ist: $pH < 7$.

Salz, das basisch reagiert

- $CH_3COO^-Na^+$ (aq); $pK_B(CH_3COO^-) = 9{,}35$

  $CH_3COO^- (aq) + H_2O (l) \rightleftharpoons CH_3COOH (aq) + OH^-(aq)$

  Na^+-Ionen sind in hydratisierter Form eine extrem schwache Säure und daher ohne Einfluss auf den pH-Wert der Salzlösung. Da OH^--Ionen gebildet werden: $pH > 7$.

Salze, die neutral reagieren

- NaCl (aq)

  Na^+-Ionen sind in hydratisierter Form eine extrem schwache Säure, Cl^- ist als korrespondierende Base einer sehr starken Säure extrem schwach.

  Der pH-Wert der Salzlösung wird also nur von der Autoprotolyse des Wassers bestimmt: $pH = 7$.
- $CH_3COO^-NH_4^+$(aq); $pK_S(NH_4^+) \approx pK_B(CH_3COO^-)$

  CH_3COO^- wirkt als Base, NH_4^+ als Säure.

  Da die Base genauso stark ist wie die Säure, wird der pH-Wert nur von der Autoprotolyse des Wassers bestimmt: $pH = 7$.

6.8 Puffer

Definition: Unter einer Pufferlösung versteht man eine wässrige Lösung, deren pH-Wert sich bei Zusatz nicht allzu großer Mengen an Säuren oder Basen oder bei Verdünnung nur unwesentlich ändert.

Puffer enthalten Teilchen, die H_3O^+- und OH^--Ionen binden können. Die Puffersysteme bestehen meist aus einer schwachen Säure ($4 \leq pK_S \leq 10$) und ihrer korrespondierenden schwachen Base ($4 \leq pK_B \leq 10$).

Beispiele für Pufferlösungen:

- Essigsäure/Acetat-Puffer ($CH_3COOH/CH_3COO^-Na^+$)
- Ammoniumchlorid/Ammoniak-Puffer (NH_4Cl/NH_3)

Für eine schwache Säure gilt folgendes Protolysengleichgewicht:

$$HA\,(aq) + H_2O\,(l) \rightleftharpoons H_3O^+\,(aq) + A^-\,(aq)$$

$$K_S = \frac{c(H_3O^+) \cdot c(A^-)}{c(HA)}\,B \Leftrightarrow c\,(H_3O^+) = K_S \frac{c(HA)}{c(A^-)}$$

Da für eine schwache Säure und eine schwache Base gilt:

$$c(HA) \approx c_0(HA),\ c(A^-) \approx c_0(A^-) \Rightarrow$$

! **Puffergleichung:** $\mathbf{pH = pK_S + \lg \frac{c_0(A^-)}{c_0(HA)}}$

Enthält eine Pufferlösung gleiche Stoffmengen an Säure und korrespondierender Base, so gilt: $c_0\,(HA) = c_0\,(A^-)$.

Daraus folgt: $pH = pK_S$

Für eine Pufferlösung, die gleiche Stoffmengen an Essigsäure und Acetat enthält, gilt also: $pH = pK_S\,(CH_3COOH) = 4{,}65$

Pufferwirkung am Beispiel des Essigsäure/Acetat-Puffers:

- »Abfangen« von H_3O^+-Ionen durch den Puffer bei Zugabe von Säure:
  $CH_3COO^- + H_3O^+ \rightleftharpoons CH_3COOH + H_2O$
- »Abfangen« von OH^--Ionen durch den Puffer bei Zugabe von Base:
  $CH_3COOH + OH^- \rightleftharpoons CH_3COO^- + H_2O$

Die Menge an Säure oder Base, die ohne wesentliche Änderung des pH-Wertes zugesetzt werden kann, hängt von der Menge der gelösten Puffersubstanzen ab (**Pufferkapazität**).

6.9 Säure/Base-Titrationen

6.9.1 Maßanalyse

Die Titration stellt ein maßanalytisches Verfahren zur quantitativen Bestimmung der in einer Probelösung enthaltenen Stoffmenge dar. Die Säure/Base-Titration beruht auf einer Neutralisationsreaktion. Ist die Probelösung vollständig umgesetzt, so ist der **Äquivalenzpunkt** erreicht.

Verfahren

- In der Bürette (Messpipette mit regulierbarem Ablauf) befindet sich die **Maßlösung** (Säure oder Lauge einer bekannten Konzentration).
- Ein bestimmtes Volumen der **Probelösung** wird mit einer Vollpipette in den Titrierkolben gegeben.
- Der Probelösung werden einige Tropfen Indikator zugesetzt.
- Die Maßlösung wird der Probelösung bis zum Farbumschlag des Indikators zugetropft (**Äquivalenzpunkt**).
- Das Volumen der zugetropften Maßlösung wird an der Bürette abgelesen.

Auswertung am *Beispiel der Titration einer Salzsäure* (50 ml) *mit einer Natronlauge* (c = 1 mol/l). Bis zum Farbumschlag müssen 5 ml Natronlauge zugetropft werden:

1. **Reaktionsgleichung aufstellen**

   $$\underset{1\,\text{mol}}{HCl\,(aq)} + \underset{1\,\text{mol}}{NaOH\,(aq)} \rightarrow H_2O\,(l) + NaCl\,(aq)$$

2. **Stoffmengenverhältnis aufstellen und Stoffemengenkonzentration berechnen**

   $n(\text{HCl}) : n(\text{NaOH}) = 1:1$

   da $n = c \cdot V$

   $\Rightarrow c(\text{HCl}) \cdot V(\text{HCl}) = c(\text{NaOH}) \cdot V(\text{NaOH})$

   $$\Rightarrow c(\text{HCl}) = \frac{c(\text{NAOH}) \cdot V(\text{NaOH})}{V(\text{HCl})} = \frac{1\,\text{mol} \cdot \text{l}^{-1} \cdot 5 \cdot 10^{-3}\,\text{l}}{50 \cdot 10^{-3}\,\text{l}} = 0{,}1\,\text{mol} \cdot \text{l}^{-1}$$

Bei der praktischen Durchführung ist Folgendes zu beachten:

- Die **Maßlösung** muss eine **starke** Säure (HCl) oder Lauge (NaOH, KOH) sein, damit der Stoffumsatz vollständig ist.
- Es sollten nur wenige Tropfen Indikator zugegeben werden, da der Indikator selbst als Säure bzw. Base reagiert.
- Die Maßlösung sollte höher konzentriert sein als die Probelösung.

6.9.2 Titrationskurven

Titrationskurven erhält man, indem man die mit einem pH-Meter gemessenen pH-Werte in Abhängigkeit von der zugegebenen Maßlösung grafisch aufträgt. Die Titrationskurven weisen je nach der titrierten Probelösung einen charakteristischen Kurvenverlauf auf.

Maßlösung: starke Base (NaOH)

Probelösung

a) Salzsäure (starke Säure)

$HCl + NaOH \rightarrow NaCl + H_2O$

b) Essigsäure (schwache Säure)

$CH_3COOH + NaOH \rightarrow CH_3COONa + H_2O$

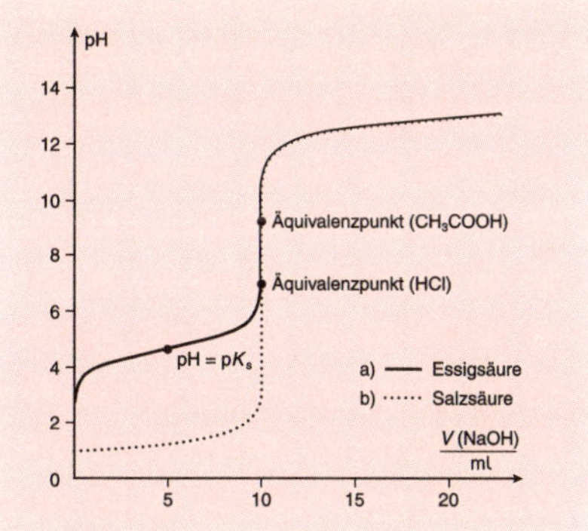

Titrationskurven für die Titration einer a) schwachen, b) starken Säure

Im Falle von Salzsäure als Probelösung liegt am Äquivalenzpunkt NaCl vor. Da NaCl-Lösung neutral reagiert (→ Salzprotolyse), stimmt der Äquivalenzpunkt mit dem Neutralpunkt überein.

Im Falle von Essigsäure als Probelösung liegt am Äquivalenzpunkt CH_3COONa vor. Da Na-Acetat alkalisch reagiert (→ Salzprotolyse), ist der Äquivalenzpunkt ins Basische verschoben.

Im Bereich des Äquivalenzpunktes ändert sich der pH-Wert sehr stark (pH-Sprung). Der Äquivalenzpunkt liegt dabei in der Mitte des **pH-Sprungs**. Ein Indikator ist dann für die Endpunktanzeige der Titration geeignet, wenn sein Umschlagsintervall innerhalb des pH-Sprungs liegt.

Der pH-Sprung ist umso größer, je stärker die Probelösung und je kleiner damit ihr p*K*-Wert ist.
Handelt es sich bei der Probelösung um eine starke Säure bzw. eine starke Base, so liegt der Äquivalenzpunkt bei pH = 7. Handelt es sich bei der Probelösung um eine schwache Säure, so liegt der Äquivalenzpunkt im basischen, bei einer schwache Base liegt er im sauren Bereich.
Die Titrationskurven schwacher Säuren bzw. Basen weisen neben dem Äquivalenzpunkt einen zweiten Wendepunkt (**Halb-Äquivalenzpunkt**) auf. Er wird erreicht, wenn gerade die Hälfte der bis zum Erreichen des Äquivalenzpunktes benötigten Maßlösung zugegeben wurde.

Im Falle der Titration von Essigsäure (schwache Säure) gilt am Halb-Äquivalenzpunkt: $c(CH_3COOH) = c(CH_3COO^-)$.

Da $K_S = \frac{c(H_3O^+) \cdot c(CO_3COO^-)}{c \cdot (CH_3COOH)}$ folgt: $K_S = c(H_3O^+)$ oder $pK_S = pH$.

Im Falle der Titration von Ammoniak (schwache Base) gilt am Halb-Äquivalenzpunkt: $c(NH_3) = c(NH_4^+)$.

Da $K_B = \frac{c(OH^-) \cdot c(NH_4^+)}{c(NH_3)}$ folgt $K_B = c(OH^-)$ oder $pK_B = pOH$

Durch **Halbtitration** einer schwachen Säure bzw. Base lässt sich also der p*K*-Wert bestimmen.

Aufgrund des entstehenden Gemischs aus schwacher Säure und korrespondierender schwacher Base (→ Puffer) ändert sich bei Zugabe von Maßlösung der pH-Wert im Bereich des Halb-Äquivalenzpunktes nur sehr wenig.

Vergleich der Titrationskurven

	Probelösung		
	starke Säure bzw. Base	schwache Säure	schwache Base
Beispiel	HCl, NaOH, KOH	CH_3COOH	NH_3
Kurvenverlauf	ein Wendepunkt (= Äquivalenzpunkt)	zwei Wendepunkte (Äquivalenzpunkt, Halb-Äquivalenzpunkt)	zwei Wendepunkte (Äquivalenzpunkt, Halb-Äquivalenzpunkt)
Äquivalenzpunkt	pH = 7	ins Basische verschoben	ins Saure verschoben
Halb-Äquivalenzpunkt	——	$pH = pK_S$	$pOH = pK_B$ $pH = 14 - pK_B$
geeigneter Indikator	Lackmus, Bromthymolblau, Phenolphthalein, Methylorange, Methylrot	Phenolphthalein	Methylorange, Methylrot

7 Redoxreaktionen – Elektronenübertragung

7.1 Oxidation und Reduktion im Bedeutungswandel

Ähnlich wie der Säure/Base-Begriff hat auch der Redoxbegriff im Laufe der Zeit einen Bedeutungswandel erfahren.

7.1.1 Ursprüngliche, historische Bedeutung

- Als **Oxidation** wurde ursprünglich eine Reaktion bezeichnet, bei der sich ein Stoff mit Sauerstoff verbindet, z. B.
  $2\,Mg\,(s) + O_2\,(g) \rightarrow 2\,MgO\,(s)$.
- Eine Reaktion, bei der ein Stoff Sauerstoff abgibt, wurde als **Reduktion** bezeichnet, wie beispielsweise:
  $2\,CuO\,(s) \rightarrow 2\,Cu\,(s) + O_2\,(g)$.
- Der Begriff »**Redoxreaktion**« wurde einer Reaktion zugeordnet, bei der Sauerstoff zwischen den Reaktionspartnern ausgetauscht wird, z. B.
  $CuO\,(s) + Mg\,(s) \rightarrow Cu\,(s) + MgO\,(s)$.

7.1.2 Moderne, erweiterte Bedeutung

Die Redoxreaktion

$$CuO\,(s) + Mg\,(s) \rightarrow Cu\,(s) + MgO\,(s)$$

lautet in Ionenschreibweise:

$$Cu^{2+}\,O^{2-} + Mg \rightarrow Cu + Mg^{2+}O^{2-}$$

Bei genauerem Hinsehen fällt auf, dass sich das O^{2-}-Ion während der Reaktion nicht verändert und nur zwischen den Metallen ausgetauscht wird, wohingegen das Cu^{2+}-Ion zwei Elektronen aufnimmt und Magnesium zwei Elektronen abgibt. Wesentlich ist nicht mehr die Sauerstoffaufnahme oder -abgabe, sondern im Mittelpunkt der Betrachtung stehen Elektronenabgabe und -aufnahme.

Von dieser Sichtweise her lässt sich, bezogen auf das Beispiel, eine neue Bedeutung des Redox-Begriffs, die nicht mehr an Sauerstoff gebunden ist, herleiten: Magnesium gibt zwei Elektronen ab und wird somit oxidiert, das Cu^{2+}-Ion nimmt zwei Elektronen auf und wird reduziert.

Der Vorteil des erweiterten Redoxbegriffes liegt darin, dass er auf Reaktionen ohne Sauerstoff als Reaktionspartner anwendbar ist.

Dies soll am Beispiel der Reaktion von Magnesium mit Chlor – die Stoffe setzen sich zu Magnesiumchlorid um – gezeigt werden:

Stoffgleichung

$Mg(s) + Cl_2(g) \rightarrow MgCl_2(s)$

Stoffgleichung in Ionenschreibweise

$Mg + Cl_2 \rightarrow Mg^{2+} + 2\ Cl^-$

! **Oxidation: Elektronenabgabe**

$\mathbf{Mg(s) \rightarrow Mg^{2+} + 2\,e^-}$

Reduktion: Elektronenaufnahme

$\mathbf{Cl_2(g) + 2\,e^- \rightarrow 2\ Cl^-}$

Redoxreaktion:

Elektronenübertragungsreaktion

$\mathbf{Mg(s) + Cl_2(g) \rightarrow MgCl_2(s)}$

7.1.3 Oxidationszahlen als Hilfsmittel

Ein Hilfsmittel um komplizierte Redoxreaktionen einfach formulieren zu können sind **Oxidationszahlen** (fiktive Ladungszahlen). Sie werden in römischen Ziffern über dem Elementsymbol geschrieben. Zur Ermittlung der richtigen Oxidationszahlen sind folgende Regeln zu beachten.

7.1.4 Regeln zur Ermittlung von Oxidationszahlen

Hinweis: Die Regeln sind streng in der Reihenfolge 1 bis 5 anzuwenden. Dabei dominiert die vorhergehende Regel immer über die nachfolgende.

!

1. **Metalle haben in Verbindungen immer positive Oxidationszahlen, auch Bor und Silicium.**
2. **Fluor hat immer die Oxidationszahl – I.**
3. **Wasserstoff hat in Verbindungen die Oxidationszahl + I.**
4. **Sauerstoff hat in Verbindungen immer die Oxidationszahl – II.**
5. **Chlor, Brom, Iod haben in Verbindungen immer die Oxidationszahl – I.**

Beachte

- Die Oxidationszahl von Atomen elementarer Stoffe ist null.
- Bei Verbindungen ist die Summe der Oxidationszahlen aller Atome null.
- Bei Ionen ist die Summe der Oxidationszahlen aller Atome gleich der Ionenladung.

- Bindungselektronen einer polaren Elektronenpaarbindung werden dem elektronegativeren Atom zugeordnet.
- Bindungselektronen einer unpolaren Elektronenpaarbindung werden den beiden Atomen je zur Hälfte zugeordnet.

Beispiele:

$\overset{\mathrm{VI}}{\mathrm{Si}}\overset{-\mathrm{I}}{\mathrm{H}}_4$ 1. Regel dominiert über 3. Regel

$\overset{\mathrm{II}}{\mathrm{O}}\overset{-\mathrm{I}}{\mathrm{F}}_2$ 2. Regel dominiert über 4. Regel

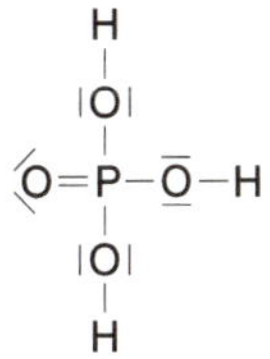

$\overset{\mathrm{I}}{\mathrm{H}}_3\overset{\mathrm{V}}{\mathrm{P}}\overset{-\mathrm{II}}{\mathrm{O}}_4$

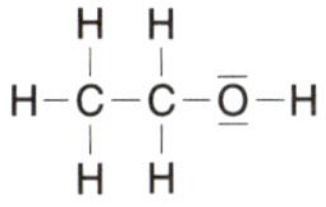

$\mathrm{H_3}\overset{-\mathrm{III}}{\mathrm{C}}-\overset{-\mathrm{I}}{\mathrm{C}}\mathrm{H_2}-\mathrm{OH}$

7.1.5 Definition des Redoxbegriffs mithilfe von Oxidationszahlen

Mithilfe von Oxidationszahlen lässt sich der Redoxbegriff nun noch umfassender definieren:

- **Oxidation:** Teilreaktion, bei der die Oxidationszahl eines Atoms erhöht wird
- **Reduktion:** Teilreaktion, bei der die Oxidationszahl eines Atoms erniedrigt wird
- **Oxidationsmittel:** Reaktionsteilnehmer, dessen Oxidationszahl durch Elektronenaufnahme erniedrigt wird (Elektronenakzeptor, wird bei der Redoxreaktion reduziert)
- **Reduktionsmittel:** Reaktionsteilnehmer, dessen Oxidationszahl durch Elektronenabgabe erhöht wird (Elektronendonator, wird bei der Redoxreaktion oxidiert)
- **Korrespondierendes Redoxpaar:** Reduktionsmittel und Oxidationsmittel gehen bei Redoxreaktionen ineinander über:

  $$\text{Reduktionsmittel} \underset{\text{Reduktion}}{\overset{\text{Oxidation}}{\rightleftharpoons}} \text{Oxidationsmittel} + z\,e^-$$

  z: Anzahl der pro Formelumsatz ausgetauschten Elektronen

  Beispiel: $\mathrm{Zn} \underset{\text{Reduktion}}{\overset{\text{Oxidation}}{\rightleftharpoons}} \mathrm{Zn^{2+}} + 2\,e^-$

7.1.6 Übersicht

- **Redoxreaktion als Reaktion mit Sauerstoffaustausch (historisch)**

  gleichzeitige Bindung von Sauerstoff (Oxidation) und Abgabe von Sauerstoff (Reduktion)

  Oxidation (C → CO_2)

  $$2\,Fe_2O_3 + 3\,C \rightarrow 4\,Fe + 3\,CO_2$$

  Reduktion (Fe_2O_3 → Fe)

- **Elektronenübertragung (modern)**

  gleichzeitige Abgabe von Elektronen (Oxidation) und Aufnahme von Elektronen (Reduktion)

  Oxidation (e^--Abgabe) (C → CO_2)

  $$2\,Fe_2O_3 + 3\,C \rightarrow 4\,Fe + 3\,CO_2$$

  Reduktion (e^--Aufnahme) (Fe_2O_3 → Fe)

- **Änderung der Oxidationszahl (modern)**

  gleichzeitige Erhöhung der Oxidationszahl eines Atoms (Oxidation) und Erniedrigung der Oxidationszahl (Reduktion) eines Atoms

  Oxidationszahl wird erhöht (C → CO_2)

  $$2\,\overset{+III}{Fe_2}O_3 + 3\,\overset{0}{C} \rightarrow 4\,\overset{0}{Fe} + 3\,\overset{+IV}{C}O_2$$

  Oxidationszahl wird erniedrigt (Fe_2O_3 → Fe)

7.2 Einrichten von Reaktionsgleichungen für Redoxreaktionen

Kompliziertere Redoxgleichungen kann man nach dem folgenden Beispiel aufstellen: In eine mit Schwefelsäure versetzte Kaliumpermanganat-Lösung (violette Farbe) wird Natriumsulfit gegeben. Die Lösung entfärbt sich; sie enthält Sulfat-Ionen und Mn^{2+}-Ionen.

1. Die Angabe der Reaktion erstellen

$H^+(aq),\ MnO_4^- + SO_3^{2-} \Rightarrow Mn^{2+} + SO_4^{2-}$

2. Für alle beteiligten Atome die Oxidationszahl berechnen

$\overset{+VII\ -II}{MnO_4^-} + \overset{+IV\ -II}{SO_3^{2-}} \Rightarrow \overset{+II}{Mn^{2+}} + \overset{+VI\ -II}{SO_4^{2-}}$

3. Durch Vergleich der Oxidationszahlen feststellen, welche Teilchen oxidiert, welche reduziert werden

$\overset{+IV}{SO_3^{2-}} \Rightarrow \overset{+VI}{SO_4^{2-}}$ Oxidation (Erhöhung der Oxidationszahl)

$\overset{+VII}{MnO_4^-} \Rightarrow \overset{+II}{Mn^{2+}}$ Reduktion (Erniedrigung der Oxidationszahl)

4. Teilgleichungen für Oxidation und Reduktion erstellen

a) Änderung der Oxidationszahl durch Elektronen ausgleichen

+IV ⇒ +VI: 2 e^- Unterschied

Oxidation: $SO_3^{2-} \Rightarrow SO_4^{2-}\ \mathbf{+ 2\,e^-}$

+VII ⇒ +II: 5 e^- Unterschied

Reduktion: $MnO_4^- \mathbf{+ 5\,e^-} \Rightarrow Mn^{2+}$

b) Ladungsdifferenz je nach Milieu mit H^+ (aq) (im Sauren), OH^- (im Basischen) oder O^{2-} (in Schmelzen) ausgleichen

Oxidation: 2 negative Ladungen ⇒ 4 negative Ladungen

$SO_3^{2-} \Rightarrow SO_4^{2-} + 2\,e^- \mathbf{+ 2\,H^+(aq)}$

Reduktion: 6 negative Ladungen ⇒ 2 positive Ladungen

$MnO_4^- + 5\,e^- \mathbf{+ 8\,H^+(aq)} \Rightarrow Mn^{2+}$

c) Teilgleichung mit H_2O richtigstellen

Oxidation: $SO_3^{2-} \mathbf{+ H_2O} \Rightarrow SO_4^{2-} + 2\,e^- + 2\,H^+(aq)$

Reduktion: $MnO_4^- + 5\,e^- + 8\,H^+(aq) \Rightarrow Mn^{2+} \mathbf{+ 4\,H_2O}$

5. **Teilgleichungen auf Übereinstimmung beider Seiten kontrollieren (Gesamtladung, Anzahl der einzelnen Atome)**

Gesamtladung: Oxidation: 2− ⇒ 2−; Reduktion: 2+ ⇒ 2+

Anzahl der einzelnen Atome:

Oxidation: 1 x S, 4 x O, 2 x H ⇒ 1 x S, 4 x O, 2 x H

Reduktion: 1 x Mn, 4 x O, 8 x H ⇒ 1 x Mn, 8 x H, 4 x O

6. **Teilgleichungen durch Multiplikation so erweitern, dass sie in der Elektronenzahl übereinstimmen**

Oxidation: $SO_3^{2-} + H_2O \Rightarrow SO_4^{2-} + 2\,e^- + 2\,H^+(aq)$ |·**5**

Reduktion: $MnO_4^- + 5\,e^- + 8\,H^+(aq) \Rightarrow Mn^{2+} + 4\,H_2O$ |·**2**

7. **Addition der Teilgleichungen ergibt die Gesamtgleichung**

Redoxreaktion:

$$5\,SO_3^{2-} + 5\,H_2O + 2\,MnO_4^- + 10\,e^- + 16\,H^+(aq) \Rightarrow 5\,SO_4^{2-} + 10\,e^- + 10\,H^+(aq) + 2\,Mn^{2+} + 8\,H_2O$$

8. **Elimination von Teilchen, die auf beiden Seiten der Gesamtgleichung vorkommen**

$$5\,SO_3^{2-} + 2\,MnO_4^- + 6\,H^+(aq) \Rightarrow 5\,SO_4^{2-} + 2\,Mn^{2+} + 3\,H_2O$$

9. **Gesamtgleichung auf Übereinstimmung beider Seiten kontrollieren (Gesamtladung, Anzahl der einzelnen Atome)**

Gesamtladung: 6− ⇒ 6−

Anzahl der einzelnen Atome: 5 x S, 23 x O, 6 x H ⇒ 5 x S, 23 x O, 6 x H

10. **Ergänzung der an der Redoxreaktion beteiligten Ionen durch Gegenionen**

$$5\,SO_3^{2-} + 2\,MnO_4^- + 6\,H^+(aq) \Rightarrow 5\,SO_4^{2-} + 2\,Mn^{2+} + 3\,H_2O$$

$10\,Na^+$ $2\,K^+$ $3\,SO_4^{2-}$ $10\,Na^+$ $2\,SO_4^{2-}$ $2\,K^+\,SO_4^{2-}$

11. **Eventuell Gleichung erweitern, sodass die Stoffgleichung mit ungebrochenen Koeffizienten geschrieben werden kann**

(in diesem Fall nicht notwendig)

12. **Stoffgleichung**

$$5\,Na_2SO_3 + 2\,KMnO_4 + 3\,H_2SO_4 \Rightarrow 5\,Na_2SO_4 + 2\,MnSO_4 + 3\,H_2O + K_2SO_4$$

7.3 Disproportionierung – Synproportionierung

Disproportionierung und Synproportionierung sind Begriffe, die im Zusammenhang mit Redoxreaktionen häufig gebraucht werden:

Disproportionierung

nennt man einen Vorgang, bei dem ein und derselbe Stoff zugleich oxidiert und reduziert wird.

Beispiel:

$$4\,K\overset{V}{Cl}O_3 \rightarrow K\overset{-I}{Cl} + 3\,K\overset{VII}{Cl}O_4$$

Synproportionierung

(auch: Komproportionierung) nennt man einen Vorgang, bei dem Verbindungen höherer und niedrigerer Oxidationsstufen desselben Elements miteinander unter Bildung von Verbindungen mittlerer Oxidationsstufe reagieren.

Beispiel:

$$H_2\overset{VI}{S}O_4 + 3\,H_2\overset{-II}{S} \rightarrow 4\,\overset{0}{S} + 4\,H_2O$$

7.4 Redoxreihen

7.4.1 Metalle

Metalle unterscheiden sich in ihrer Wirkungsfähigkeit als Oxidations- oder Reduktionmittel. Durch systematische Versuchsreihen ist man in der Lage, sie entsprechend ihrem Redoxreaktionsvermögen in eine Reihe einzuordnen. Die nachfolgend beschriebenen Versuche zeigen beispielhaft die Vorgehensweise zum Erhalt einer Redoxreihe der Metalle.

Versuch a)

Taucht man einen blanken Eisennagel in eine Kupfer(II)-sulfat-Lösung ein, so scheidet sich am Nagel elementares Kupfer ab und es lassen sich Fe^{2+}-Ionen nachweisen.

Oxidation: $Fe(s) \Rightarrow Fe^{2+}(aq) + 2\,e^-$

Reduktion: $Cu^{2+}(aq) + 2\,e^- \Rightarrow Cu(s)$

Redoxreaktion: $Fe(s) + Cu^{2+}(aq) \rightarrow Fe^{2+}(aq) + Cu(s)$

Reduktionsmittel: $Fe(s)$

Oxidationsmittel: $Cu^{2+}(aq)$

Versuch b)

Gibt man jedoch Kupfer in eine Eisen(II)-sulfat-Lösung, so ist keine Reaktion zu beobachten. Kupfer ist nicht in der Lage, Fe^{2+}-Ionen zu reduzieren.

Schlussfolgerungen aus den Versuchen

Reduktionsmittel $Fe(s)$ > Reduktionsmittel $Cu(s)$

Oxidationsmittel $Cu^{2+}(aq)$ > Oxidationsmittel $Fe^{2+}(aq)$

$\Rightarrow$ Kupfer ist edler als Eisen.

Bei systematischer Durchführung derartiger Versuche mit weiteren Metallen und ihren Salzlösungen kann man die Metalle nach der Stärke ihrer Reduktionswirkung und die hydratisierten Metall-Ionen nach der Stärke ihrer Oxidationswirkung ordnen. Man erhält auf diese Weise die **Redoxreihe der Metalle**, z. B.:

Metalle nach der Stärke ihrer Reduktionswirkung	**↓ Au/Au^{3+} ↑** **↓ Ag/Ag^{+} ↑** **↓ Cu/Cu^{2+} ↑** **↓ Pb/Pb^{2+} ↑** **↓ Fe/Fe^{2+} ↑** **↓ Zn/Zn^{2+} ↑** **↓ Mg/Mg^{2+} ↑**	**Hydratisierte Metall-Ionen nach Stärke ihrer Oxidationswirkung**

Aus der Redoxreihe lässt sich entnehmen, dass ein Metall alle hydratisierten Metall-Ionen reduzieren kann, die unterhalb von ihm in der Redoxreihe angeordnet sind und umgekehrt, dass ein hydratisiertes Metall-Ion alle Metalle, die unterhalb von ihm in der Redoxreihe angeordnet sind, oxidieren kann.

Ein Metall und das zugehörige hydratisierte Metall-Ion wird als **Redoxpaar** bezeichnet. Die Kurzschreibweise lautet: **Me^{z+}/Me.**

7.4.2 Nichtmetalle

Mit analogen Versuchen kann eine Redoxreihe des Typs »Nichtmetall/Nichtmetall-Ion« aufgestellt werden.

Nichtmetall-Ionen nach der Stärke ihrer Reduktionswirkung	**↓ Cl^{-}/Cl_2 ↑** **↓ Br^{-}/Br_2 ↑** **↓ I^{-}/I_2 ↑**	**Nichtmetalle nach Stärke ihrer Oxidationswirkung**

7.5 Galvanische Zellen

Taucht man einen Zinkstab in eine Kupfersulfat-Lösung, so scheidet sich Kupfer ab:

$$Zn(s) + Cu^{2+}(aq) \rightarrow Zn^{2+}(aq) + Cu(s)$$

Genauere Betrachtung der Reaktion

Oxidation: $Zn(s) \Rightarrow Zn^{2+}(aq) + 2e^-$

Reduktion: $Cu^{2+}(aq) + 2e^- \Rightarrow Cu(s)$

Die Elektronen werden so übertragen, dass sie vom elementaren Zink zu den hydratisierten Cu^{2+}-Ionen fließen: Im atomaren Bereich ist ein elektrischer Strom vorhanden. Um diesen elektrischen Strom zu nutzen, werden Zinkstab und Kupfersulfat-Lösung räumlich voneinander getrennt, gleichzeitig wird die Elektronenübertragung über eine leitende Verbindung, z. B. über einen Metalldraht, ermöglicht. Dieses System, das nun elektrische Energie liefern kann, wird als galvanische Zelle bezeichnet.

7.5.1 Aufbau einer galvanischen Zelle am Beispiel des Daniell-Elements

Zinkhalbzelle	Kupferhalbzelle
Elektronen-Donatorhalbzelle	Elektronen-Akzeptorhalbzelle
Halbzellenreaktion: Anode, Oxidation: $Zn(s) \Rightarrow Zn^{2+}(aq) + 2e^-$	Halbzellenreaktion: Kathode, Reduktion: $Cu^{2+}(aq) + 2e^- \Rightarrow Cu(s)$
Minuspol, unedleres Metall, größere Lösungstension, höherer Elektronendruck	Pluspol, edleres Metall, kleinere Lösungstension, geringerer Elektronendruck
Zelldiagramm: Zn/Zn^{2+} /	/ Cu^{2+}/Cu

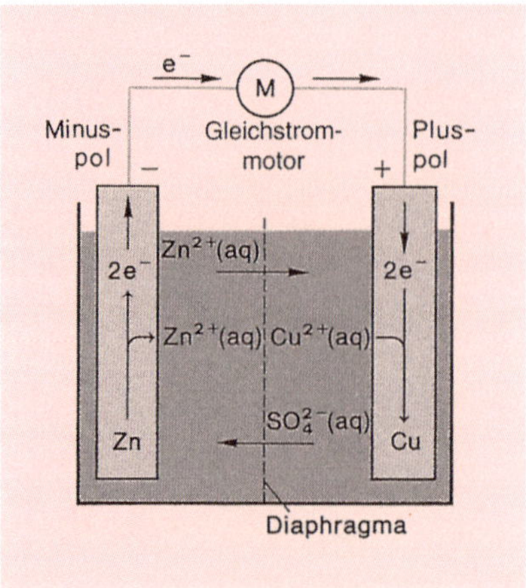

Erläuterungen

- Der Zinkstab (Zink-Elektrode) taucht in eine Zinksulfat-Lösung, sodass die bei der Redoxreaktion entstehenden Zn^{2+}(aq)-Ionen ungehindert abgegeben werden können.
- Die leitende Verbindung (Metalldraht), die von der Zink-Elektrode ausgeht, endet in einem Kupferstab (Kupfer-Elektrode), der in die Kupfersulfat-Lösung taucht.

- So können die Cu^{2+}-Ionen ohne Nebenreaktionen und -effekte ungestört am Kupferstab entladen werden und sich als Cu (s) abscheiden.
- Das Diaphragma trennt die Elektrolytlösungen räumlich voneinander und ermöglicht die für den Ladungsausgleich zwischen den Elektrolytlösungen notwendige Ionenwanderungen der Zn^{2+} (aq)- und SO_4^{2-}(aq)-Teilchen.

7.5.2 Spannung einer galvanischen Zelle

An den Elektroden der Halbzellen entsteht jeweils eine elektrochemische Doppelschicht aus negativen und positiven Ladungsträgern. Nernst beschrieb diese Vorgänge anschaulich als Gleichgewicht zwischen dem **Lösungsdruck** des Metalls und dem **Abscheidungsdruck** der Ionen.

Der **Lösungsdruck** ist eine bei jedem Metall unterschiedlich ausgeprägte Eigenschaft, in die wässrige Lösung positiv geladene Ionen abzugeben. Dabei werden solange Metall-Atome als Kationen in die Lösung abgegeben bis die dadurch entstandene elektrische Potentialdifferenz zwischen Metall und Lösung eine weitere Bildung von Metall Kationen verhindert (Elektrochemische Doppelschicht, → Abbildung rechts).

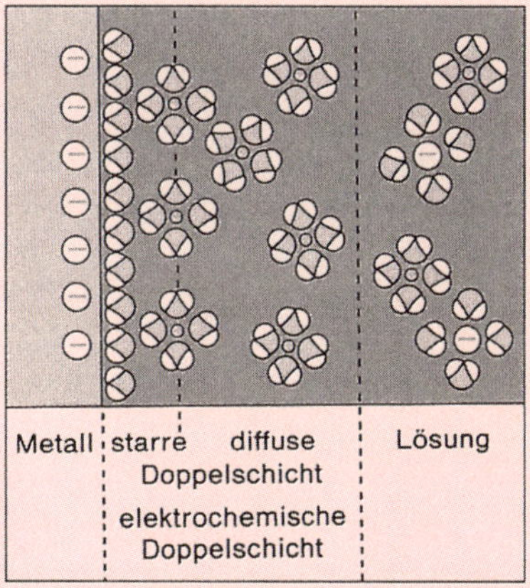

Elektrochemische Doppelschicht

Dies führt zu unterschiedlichen Aufladungen der Elektroden und damit zur Aubildung von messbaren Elektrodenpotentialen.

Beispiel Daniell-Element

An der Kupfer-Elektrode werden weniger Kationen als an der Zink-Elektrode gebildet, sodass in der Kupfer-Elektrode (edleres Metall) somit auch weniger Elektronen von den entstandenen Kationen zurückgelassen werden als in der Zinkelektrode (unedleres Metall). Daher herrscht im Zinkstab ein höherer »Elektronendruck« als im Kupferstab.

Beim Verbinden der beiden Elektroden über einen Draht fließen somit die Elektronen vom Elektronendonator Zink (höherer »Elektronendruck«) zum Elektronenakzeptor

Kupfer (geringerer »Elektronendruck«). Der Elektronendruckunterschied äußert sich in einer messbaren elektrischen Potentialdifferenz.

Verwendet man beim Daniell-Element Salzlösungen der Konzentration $1\,mol \cdot l^{-1}$, so zeigt eine Zink/Kupfer-Zelle eine Zellspannung von 1,11 V.

Kombination verschiedener Halbzellen

Bei Kombination der Halbzellen Ag/Ag^+, Zn/Zn^{2+}, Cu/Cu^{2+} und Pb/Pb^{2+}, bei denen die entsprechenden Salzlösungen in einer Stoffmengenkonzentration von $1\,mol \cdot l^{-1}$ vorliegen, kann man folgende Potentialdifferenzen in Volt messen:

Galvanische Zelle	Spannung *U* (V)	⊕-Pol Akzeptorhalbzelle, kleinerer Elektronendruck, edleres Metall	⊖-Pol Donatorhalbzelle größerer Elektronendruck unedleres Metall
$Cu/Cu^{2+}//Ag/Ag^+$	0,45	Ag	Cu
$Pb/Pb^{2+}//Ag/Ag^+$	0,93	Ag	Pb
$Pb/Pb^{2+}//Cu/Cu^{2+}$	0,48	Cu	Pb
$Zn/Zn^{2+}//Ag/Ag^+$	1,56	Ag	Zn
$Zn/Zn^{2+}//Cu/Cu^{2+}$	1,11	Cu	Zn
$Zn/Zn^{2+}//Pb/Pb^{2+}$	0,63	Pb	Zn

7.6 Standardelektrodenpotentiale

Da es nicht möglich ist, die Potentiale von Redoxpaaren absolut zu messen, wurde willkürlich eine Bezugshalbzelle – die **Standard-Wasserstoff-Halbzelle** – festgelegt. Jegliche Halbzellenpotentiale werden auf die Standard-Wasserstoff-Halbzelle bezogen. Das Potential der Standard-Wasserstoff-Halbzelle ist definitionsgemäß 0 V. Ihr Aufbau entspricht einer typischen Halbzelle von nichtmetallischen Redoxpaaren, an denen eine gasförmige Phase beteiligt ist. Entsprechend ist auch z. B. eine Chlorhalbzelle aufgebaut (→ Abbildung auf Seite 84,b)). Insgesamt sind bei der Standard-Wasserstoff-Halbzelle drei Phasen zu unterscheiden:

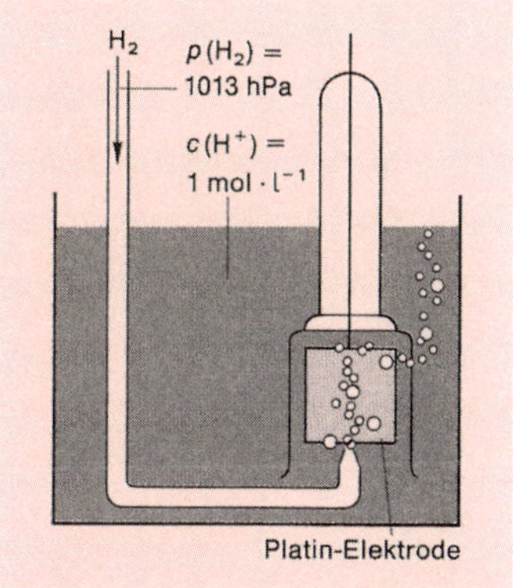

Standard-Wasserstoff-Halbzelle

- **gasförmige Phase:** H_2 (g); bei Standardbedingungen $p = 1013\,hPa$, $T = 298\,K$
- **flüssige Phase:** H^+ (aq); $c(H^+(aq)) = 1\,mol \cdot l^{-1}$.
  Die bei einer Reaktion entstehenden H^+(aq)-Ionen müssen von einer Säure mit definierter Konzentration aufgefangen werden, bzw. es muss eine bestimmte Konzentration an H^+ (aq)-Ionen zur eventuellen H_2-Bildung zur Verfügung stehen.
- **feste Phase:** platiniertes Platinblech; inerte Elektrode (Ableitelektrode), Adsorption von H_2, Katalysatorwirkung, Zu- bzw. Ableitung der Elektronen

Funktionsweise

Das platinierte (Oberflächenvergrößerung) Platinblech wird von Wasserstoff bei einem Druck von 1013 hPa umspült; ein Teil des Gases wird am Platin adsorbiert und reagiert folgendermaßen:

a) falls die andere Halbzelle edler ist: $H_2\,(g) \rightarrow 2\,H^+(aq) + 2\,e^-$

b) falls die andere Halbzelle unedler ist: $2\,H^+(aq) + 2\,e^- \rightarrow H_2\,(g)$

Der Ablauf dieser Reaktionen wird durch das inerte Platin katalysiert.

> **!** **Kurzbezeichnung der Standard-Wasserstoffelektrode:**
> $\frac{H^+}{\frac{1}{2}H_2}$ **(Pt)** **bzw.** $\frac{1}{2}H_2\,(Pt)\,H^+$

Wird eine andere Halbzelle unter Standardbedingungen ($c = 1\,mol/l$, $T = 298\,K$) mit der Standard-Wasserstoff-Halbzelle zu einer galvanischen Zelle verbunden, so bezeichnet man die gemessene Potentialdifferenz als **Standard-Elektrodenpotential** (kurz:

Redoxpotential) U_H^0. Der Index »H« weist auf die Wasserstoff-Halbzelle als Bezugshalbzelle hin.

Beispiel:
Messung des Standardpotentials von Cu/Cu^{2+} (→ Abbildung rechts).
Es wird ein Standardpotential von
$U = 0{,}35\,V$ gemessen.

Die Zellspannung U zwischen verschieden Halbzellen einer galvanischen Zelle kann aus den Standardpotentialen U_H^0 berechnet werden:

$U = U_H^0$ (Akzeptorhalbzelle)
$- U_H^0$ (Donatorhalbzelle)

bzw. $U = U_H^0$ (Kathode) $- U_H^0$ (Anode)

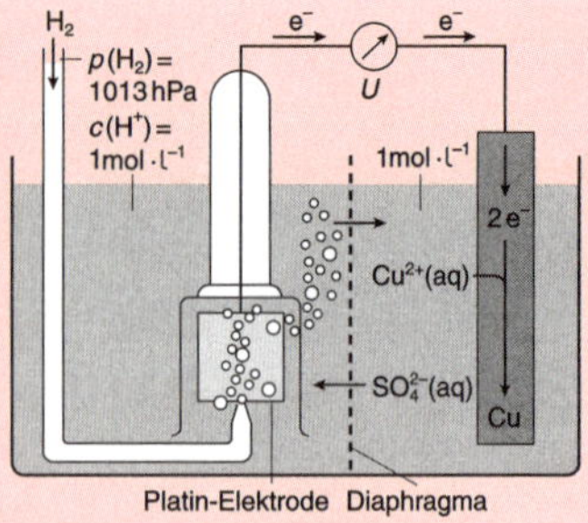

Bestimmung des Standardpotentials von Cu/Cu^{2+}.
Anode: $H_2 \Rightarrow 2H^+(aq) + 2e^-$,
Kathode: $Cu \Rightarrow Cu^{2+}(aq) + 2e^-$;
$U = 0{,}35\,V$

Beispiel:
$\frac{H^+}{\frac{1}{2}} H_2(Pt)//Cu/Cu^{2+}$:

$U = 0{,}35\,V - 0\,V = +0{,}35\,V$

Das Kathodenpotential ist dabei immer größer als das Anodenpotential:

U_H^0 (Kathode) $> U_H^0$ (Anode)

Spontan und freiwillig laufen nur solche Redoxreaktionen ab, für die U einen positiven Wert hat.

Ordnet man alle Redoxpaare nach ihren Standard-Elektrodenpotentialen erhält man die so genannte **Spannungsreihe**.

Spannungsreihe: einige Standard-Elektrodenpotentiale

oxidierte Form	$\rightleftharpoons$	reduzierte Form	U^0_H/V
Li^+ (aq) + e^-	$\rightleftharpoons$	Li (s)	−3,04
K^+ (aq) + e^-	$\rightleftharpoons$	K (s)	−2,92
2 H_2O (l) + 2 e^-	$\rightleftharpoons$	H^2 (g) + 2 OH^- (aq)	−0,83
Zn^{2+} (aq) + 2 e^-	$\rightleftharpoons$	Zn (s)	−0,76
Pb^{2+} (aq) + 2 e^-	$\rightleftharpoons$	Pb (s)	−0,13
2 H^+ (aq) + 2 e^-	$\rightleftharpoons$	H_2 (g)	0,00
Cu^{2+} (aq) + 2 e^-	$\rightleftharpoons$	Cu (s)	0,35
O_2 (g) + 2 H_2O (l) + 4 e^-	$\rightleftharpoons$	4 OH^- (aq)	0,40
I_2 (aq) + 2 e^-	$\rightleftharpoons$	2 I^- (aq)	0,62
Br_2 (l) + 2 e^-	$\rightleftharpoons$	2 Br^- (aq)	1,07
Cl_2 (g) + 2 e^-	$\rightleftharpoons$	2 Cl^- (aq)	1,36
Au^+ (aq) + e^-	$\rightleftharpoons$	Au (s)	1,68
H_2O_2 (aq) + 2 H^+ (aq) + 2 e^-	$\rightleftharpoons$	2 H_2O (l)	1,77
$S_2O_8^{2-}$ (aq) + 2 e^-	$\rightleftharpoons$	2 SO_4^{2-} (aq)	2,01
F_2 (g) + 2 e^-	$\rightleftharpoons$	2 F^- (aq)	2,85

! **Merke: Je kleiner das Standard-Elektrodenpotential ist, desto stärker reduzierend wirkt das Redoxsystem; je größer das Standard-Elektrodenpotential ist, desto stärker oxidierend wirkt das Redoxsystem.**

Beispiel:

Stärkstes Reduktionsmittel ist das Alkalimetall Lithium (U^0_H (Li^+/Li) = −3,04 V), stärkstes Oxidationsmittel ist das Halogen Fluor (U^0_H (F_2/F^-) = 2,85 V).

Folgende Halbzelltypen können unterschieden werden

Typ	Beispiele	Erläuterung
Metall-Halbzelle	Cu/Cu^{2+}, Zn/Zn^{2+} (→Abbildung Seite 83)	Die Metalle sind an der Reaktion beteiligt und dienen gleichzeitig als Zu- bzw. Ableitelektrode.
Nichtmetall-Halbzelle	$H^+/\frac{1}{2}H_2$ (Pt), Cl^-/Cl_2 (Pt) (→Abbildungen Seite 79 und 84b))	Platin (inert) dient als Zu- bzw. Ableitelektrode.
Halbzelle mit homogenen Redoxsystemen	Fe^{2+}/Fe^{3+} (Pt), $Cr_2O_7^{2-}/Cr^{3+}$ (Pt) (→Abbildung Seite 84 c))	Platin (inert) dient als Zu- bzw. Ableitelektrode.

7.7 Konzentrationsabhängigkeit der Elektrodenpotentiale

Kombiniert man zwei **gleiche** Halbzellen desselben Redoxsystems, so zeigt sich kein Spannungsunterschied. Sind jedoch die **Elektrolyten** der Halbzellen desselben Redoxsystems **unterschiedlich konzentriert**, so ist ein Potentialunterschied festzustellen. Im Falle eines Me^{n+}/Me-Systems ist die Halbzelle mit der höheren Konzentration der Pluspol. Eine derartige galvanische Zelle wird als Konzentrationszelle bezeichnet. Mit der Zeit nimmt der Konzentrationsunterschied ab und infolgedessen sinkt die Spannung. Wenn beide Halbzellen gleich konzentriert sind, kommt der Stromfluss zum Erliegen (→ nachfolgende Übersicht).

$$U_{\text{Konz.-zelle}} = \frac{0{,}059\,\text{V}}{z} \cdot \lg \frac{c_A}{c_D}$$

z: Zahl der pro Formelumsatz ausgetauschten Elektronen
c_A: Elektrolytkonzentration in der Akzeptorzelle
c_B: Elektrolytkonzentration in der Donatorzelle

Pro Zehnerpotenz Konzentrationsunterschied ergibt sich eine Spannung von $z^{-1} \cdot 59\,\text{mV}$

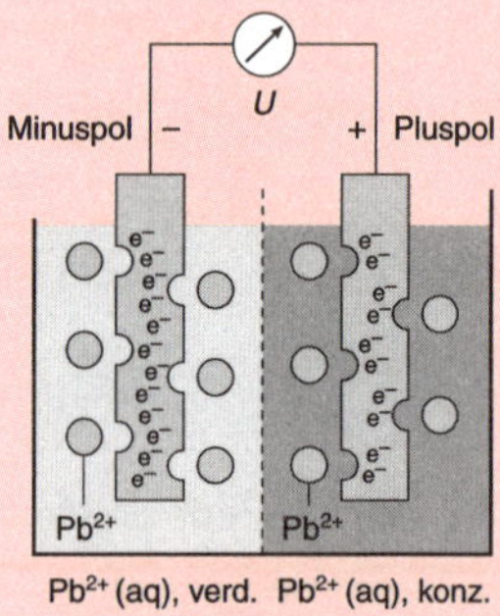

Konzentrationszelle: galvanische Zelle aus gleichartigen Halbzellen mit unterschiedlicher Elektrolytkonzentration

geringere Konzentration der Pb^{2+}-Ionen	**höhere Konzentration der Pb^{2+}-Ionen**
geringerer Abscheidungsdruck der Pb^{2+}-Ionen ⇐	⇒ höherer Abscheidungsdruck der Pb2+-Ionen
höherer Lösungsdruck (-tension) des Pb ⇐	⇒ geringerer Lösungsdruck (-tension) des Pb
höherer Elektronendruck ⇐	⇒ niedrigerer Elektronendruck
Minus-Pol ⇐	⇒ Plus-Pol
Elektronendonator ⇐	⇒ Elektronenakzeptor
Anode ⇐	⇒ Kathode
Oxidation ⇐	⇒ Reduktion
$Pb \rightleftharpoons Pb^{2+} + 2\,e^-$	$Pb^{2+} + 2\,e^- \rightleftharpoons Pb$

$$Pb^{2+}(c_2) + Pb \rightleftharpoons Pb^{2+}(c_1) + Pb \quad c_1 < c_2$$

⇒ bis zum Konzentrationsausgleich Potentialdifferenz und Stromfluss nachweisbar

Den quantitativen Zusammenhang zwischen der Elektrolytkonzentration c und dem Elektrodenpotential stellt die Nernst'sche Gleichung dar. Mit dieser Gleichung lässt sich die Konzentrationsabhängigkeit des Redoxpotentials eines Redoxpaares beschreiben, das heißt man kann das Potential einer Halbzelle mit beliebiger Elektrolytkonzentration berechnen.

Die allgemeine Form der Nernst'schen Gleichung lautet für die allgemeine Elektrodenreaktion

Red ⇌ Ox + z e$^-$:

$$U_H(\text{Ox/Red}) = U_H^0(\text{Ox/Red}) + \frac{R \cdot T}{z \cdot F} \cdot \ln \frac{c(\text{Ox})}{c(\text{Red})}$$

R: universelle Gaskonstante (8,314 J · K^{-1} · mol^{-1})

T: Temperatur in K

z: Anzahl der pro Formelumsatz ausgetauschten Elektronen

F: FARADAY-Konstante (96 500 C · mol^{-1})

ln: natürlicher Logarithmus

(Ox), (Red): nach den Regeln des MWG gebildete Terme für oxidierte bzw. reduzierte Form des Redoxpaars

Aus der Gleichung geht hervor, dass das Elektrodenpotential vom Druck, der Stoffmengenkonzentration und auch von der Temperatur abhängt.

Für spezielle Anwendungen bei 25 °C vereinfacht sich die Nernst'sche Gleichung (→ nachfolgende Übersichten a) bis c)):

a) Metall-Halbzelle/Wasserstoff-Halbzelle

$$U_H(Me^{z+}/Me) = U_H^0(Me^{z+}/Me) + \frac{0{,}059\,V}{z} \cdot \lg \frac{c(Me^{z+})}{mol \cdot l^{-1}}$$

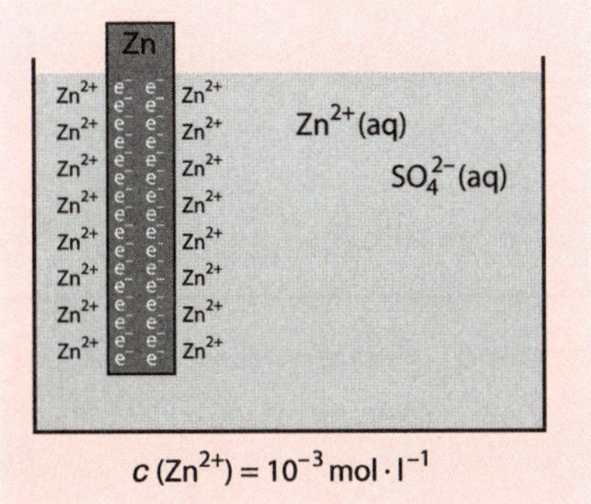

Zn^{2+}(aq) + 2 e$^-$ ⇌ Zn (s)

Beispiele:

Metall-Halbzelle:

$$U_H(Zn^{2+}/Zn) = U_H^0(Zn^{2+}/Zn) + \frac{0{,}059\,V}{2} \cdot \lg \frac{c(Zn^{2+})}{mol \cdot l^{-1}} = -0{,}76\,V + \frac{0{,}059\,V}{2} \cdot (-3) = 0{,}848\,V$$

Wasserstoff-Halbzelle:

$$U_H(H^+/H_2) = U_H^0(H^+/H_2) + \frac{0{,}059\,V}{1} \cdot \lg \frac{c(H^+)}{mol \cdot l^{-1}}$$

b) Nichtmetall-Halbzelle

$$U_H(X_2/X^{z-}) = U_H^0(X_2/X^{z-}) + \frac{0{,}059\,V}{z} \cdot \lg c(X^{z-})$$

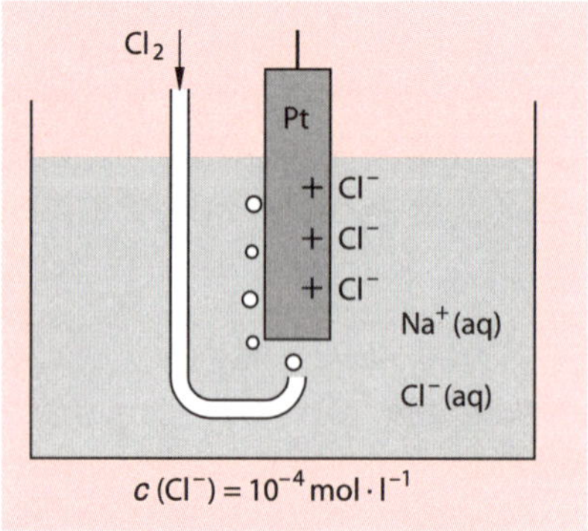

$Cl_2(g) + 2\,H_2O(l) + 4\,e^- \rightleftharpoons 2\,Cl^-(aq)$

Beispiel:

$U_H(Cl_2/Cl^-)$

$= U_H^0(Cl_2/Cl^-) + \frac{0{,}059\,V}{1} \cdot \lg c(Cl^-)$

$= +1{,}36 - 0{,}059\,V \cdot (-4) = 1{,}596\,V$

c) Halbzelle mit homogenem Redoxsystem

$$U_H(Ox/Red) = U_H^0(Ox/Red) + \frac{0{,}059\,V}{z} \cdot \lg \frac{c(Ox)}{c(Red)}$$

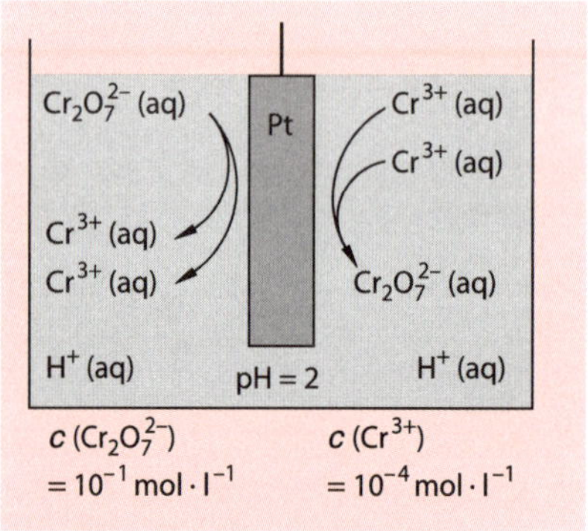

$Cr_2O_7^{2-}(aq) + 6\,e^- + 14\,H^+(aq)$
$\rightleftharpoons 2\,Cr^{3+}(aq) + 7\,H_2O(l)$

Beispiel:

$U_H(Cr_2O_7^{2-}/Cr^{3+})$

$= U_H^0(Cr_2O_7^{2-}/Cr^{3+})$

$+ \frac{0{,}059\,V}{6} \cdot \lg \frac{c(Cr_2O_7^{2-}) \cdot c^{14}(H^+)}{c^2(Cr^{3+})}$

$= 1{,}33\,V + \frac{0{,}059\,V}{6} \cdot \lg \frac{10^{-1}\,(10^{-2})^{14}}{(10^{-4})^2}$

$= 1{,}12\,V$

Hinweis: Eine Erhöhung der Konzentration an H^+-Ionen an diesem Beispiel hat eine Verschiebung des Gleichgewichts zur Seite der Produkte zur Folge und somit eine Erniedrigung des Elektronendrucks. Da ein kleiner Elektronendruck einem positiveren Elektrodenpotential gleichkommt, steigt das Potential.

Potentiale von Redoxreaktionen, an denen H^+-Ionen bzw. OH^--Ionen beteiligt sind, hängen vom pH-Wert des Elektrolyten ab.

7.8 Redoxreaktionen und Säure-Base-Reaktionen im Vergleich

Kriterium	Säure-Base-System	Redox-System
Grundlegender Mechanismus	Donator-Akzeptor-Prinzip Protonenübertragung	Elektronenübertragung
Donatorfunktion	Säure »HA« = *Protonen*donator	Reduktionsmittel »Red« = *Elektronen*donator
Akzeptor-funktion	Base »A^-« = *Protonen*akzeptor	Oxidationsmittel »Ox« = *Elektronen*akzeptor
korrespon-dierendes Paar	$HB \rightleftharpoons B^- + H^+$	$Red \rightleftharpoons Ox + n \cdot e^-$
Funktionsschema (zwei korrespon-dierende Paare)	Säure 1 + Base 2 $\rightleftharpoons$ Base 1 + Säure 2 $HA + B^- \rightleftharpoons A^- + HB$	Red 1 + Ox 2 $\rightleftharpoons$ Ox 1 + Red 2
Donator- als auch Akzeptorfunktion	Ampholyt (amphoteres Teilchen) z. B. H_2O	Atom mit mittlerer Oxidations-stufe z. B. H_2O_2
Disproportio-nierung	Autoprotolyse: $2HA \rightleftharpoons H_2A^+ + A^-$	$RedOx \rightleftharpoons Red + Ox$
Größe für das Potential (Stärke) der Donator-/Akzeptorfunktion	Säure-/Baseexponent pK_S/pK_B, gegebenenfalls pH-Wert	Standardpotential U_H^0
Einordnung der Größe für des Potentials (Stärke)	pK_S/pK_B-Reihe	elektrochemische Spannungsreihe
Konzentrations-abhängigkeit des Potentials (Pufferung)	$pH = pKs + \lg \frac{c(A^-)}{c_0(HA)}$ Henderson-Hasselbach-Gleichung	$U_H = U_H^0(Ox/Red) + \frac{0{,}059\,V}{z} \cdot \lg \frac{c(Ox)}{c(Red)}$ Nernst'sche-Gleichung

8 Redoxreaktionen in Labor und Technik

8.1 Korrosion

Unter Korrosion versteht man die Zerstörung von Metallen von der Oberfläche her durch elektrochemische Reaktionen mit ihrer Umgebung (*corrodere*, lat. = zernagen, zerfressen).

8.1.1 Säure-Korrosion

Unter Säure-Korrosion versteht man die Zerstörung von Metallen durch die Hydronium-Ionen einer Elektrolytlösung unter Wasserstoffentwicklung.

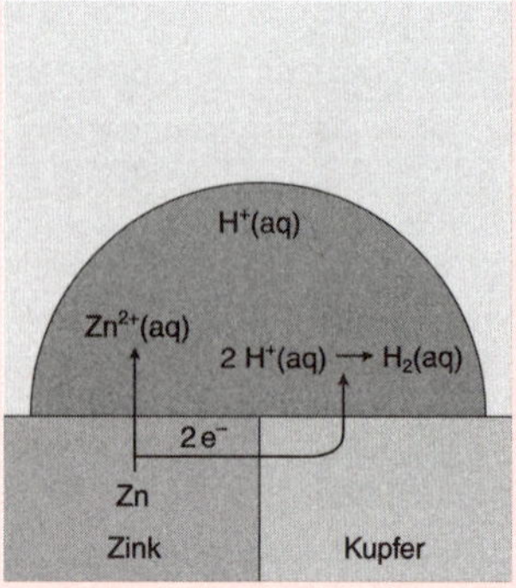

Säure-Korrosion

Voraussetzungen für Säure-Korrosion

- Berührung zweier verschiedener Metalle, die unterschiedliche Potentiale haben
- Vorhandensein eines Säure-Elektrolyts

Beobachtungen bei Säure-Korrosion

- Wasserstoffentwicklung am edleren Metall
- Zerstörung der Oberfläche des unedleren Metalls

Erklärung

Bei Berührung der Metalle in Anwesenheit des Säure-Elektrolyten entsteht eine galvanische Zelle, die kurzgeschlossen ist, das heißt die Elektronen können direkt ausgetauscht werden. Sie fließen vom unedleren zum edleren Metall. Eine derartige galvanische Zelle nennt man **Lokalelement**.

Die **Oxidation** findet am Metall mit dem niedrigeren Potential (unedler) statt:

$$Zn(s) \rightarrow Zn^{2+}(aq) + 2\,e^-$$

Die **Reduktion** findet am Metall mit dem höheren Potential (edler) statt, das heißt Wasserstoffentwicklung am edleren Metall:

$$2H^+(aq) \rightarrow 2\,e^- \rightarrow H_2(g)$$

8.1.2 Sauerstoff-Korrosion

Unter Sauerstoff-Korrosion versteht man die Zerstörung von Metallen, bei der in der Elektrolytlösung gelöster Sauerstoff kathodisch zu Hydroxid-Ionen reduziert wird.

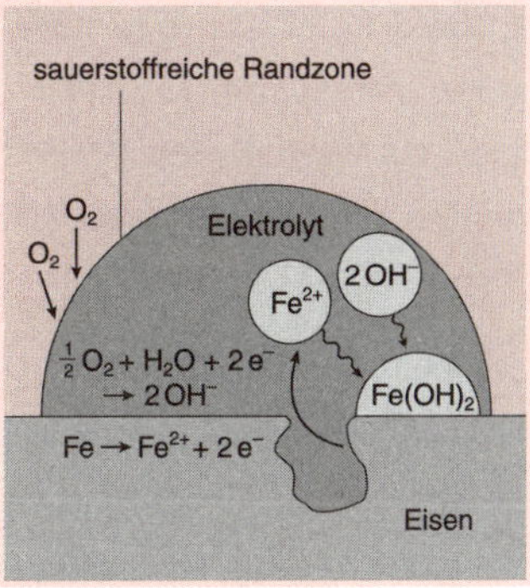

Sauerstoff-Korrosion

Voraussetzungen für Sauerstoff-Korrosion

- **Elektrolytlösung:** neutral oder alkalisch, mit gelösten Salzen
- **Sauerstoff:** gelöst in der Elektrolytlösung
- **Metall:** Das Potential Me^{Z+}/Me liegt unterhalb des Potentials des Redoxpaares O_2/OH^- ($U_H^0 = 0{,}40\,V$) bzw. des Redoxpaare O_2/H_2O, das bei pH 7 $U = 0{,}82\,V$ beträgt ($O_2\,(g) + 4\,H^+\,(aq) + 4\,e^- \rightarrow 2\,H_2O\,(l)$).
  Diese Voraussetzung erfüllt z. B. Eisen (Fe^{2+}/Fe bzw. Fe^{3+}/Fe^{2+}).

Der insgesamt komplizierte Vorgang der Sauerstoff-Korrosion von Eisen, »das Rosten des Eisens«, kann durch folgende Reaktionen vereinfacht wiedergegeben werden:

Oxidation (Lokalanode, Minuspol)

$$2\,Fe\,(s) \rightarrow 2\,Fe^{2+}\,(aq) + 4\,e^-$$
$$U_H^0 = -0{,}44\,V$$

Reduktion (Lokalkathode, Pluspol)

$$O_2\,(aq) + 2\,H_2O\,(l) + 4\,e^- \rightarrow 4\,OH^-(aq)$$
$$U_H^0 = 0{,}40\,V$$

Redoxreaktion

$$2\,Fe\,(s) + O_2\,(aq) + 2\,H_2O\,(l) \rightarrow 2\,Fe^{2+}\,(aq) + 4\,OH^-\,(aq) \rightarrow 2\,Fe(OH)_2\,(s)$$

Weitere Folgereaktionen können ablaufen, so z. B. als Autoxidation

$$4\,Fe(OH)_2\,(s) + O_2\,(g) \rightarrow 2\,Fe_2O_3 \cdot H_2O\,(s) + 2\,H_2O\,(l)$$

(rotbraun = »Rost«)

Förderlich für die (Sauerstoff-)Korrosion sind

- höhere Konzentrationen an gelösten Salzen im Elektrolyten, da hierdurch die elektrische Leitfähigkeit erhöht und der Ladungstransport in der Lösung erleichtert wird
- edlere Fremdmetalle im Eisen oder auch Eisenoxid aufgrund der Bildung von Lokalelementen
- in Wasser gelöste Gase wie Schwefeldioxid, Kohlenstoffdioxid oder Stickstoffdioxid. Es entstehen saure Elektrolyte (diese fördern die Säure-Korrosion).

8.1.3 Korrosionsschutz

Metall-Korrosion kann erhebliche wirtschaftliche Schäden und Umweltschäden verursachen. Daher wurden verschiedene Verfahren zum Korrosionsschutz entwickelt. Die einfachste Methode besteht darin, die Oberfläche des Metalls vor Luft und Wasser zu schützen. Man unterscheidet zwischen Nichtmetall- und Metall-Schutzschichten.

Nichtmetallschutzschichten

Zu den Nichtmetallschutzschichten zählen Lackanstriche, Anstriche von Zinkphosphat ($Zn_3(PO_4)_2$), Zinkchromat ($ZnCrO_3$), Bleimennige (Pb_3O_4) sowie Emaillen und natürliche Metalloxidschichten wie z. B. die Oxide des Zinks, Aluminiums, Chroms und Nickels. Diese Oxide bilden dünne, festhaftende und sehr undurchlässige Schichten und verhindern dadurch die Korrosion des darunter liegenden Metalls. Man bezeichnet dieses Phänomen als **Passivierung**.

Metallschutzschichten

Bei den Metallschutzschichten unterscheidet man grundsätzlich zwei Verfahren: das Schmelztauchen und das Galvanisieren.

Beim **Schmelztauchen** werden die zu schützenden Metalle, vor allem Eisen- und Stahlbleche, in eine Schmelze von flüssigem Metall getaucht, so z. B. in flüssiges Zink beim Feuerverzinken (z. B. Autokarosserien) oder in flüssiges Zinn bei der Feuerverzinnung (Weißblechdosen als Konservendosen).

Beim **Galvanisieren** werden Metalle durch elektrolytische Abscheidung (→ Elektrolyse) auf das zu schützende Metall aufgebracht, das als Kathode geschaltet wird. Wichtige Verfahren sind unter anderem das Verzinnen, Verchromen, Vernickeln und Vergolden.

Wenn Metallschutzschichten beschädigt werden, setzt bei entsprechenden Umweltbedingungen Korrosion ein. Auf den nachfolgenden Abbildungen ist die **Säure-Korrosion bei verzinktem und bei verzinntem Eisen** dargestellt. Beim verzinkten Eisen geht aufgrund des negativeren Potentials Zink, beim Weißblech aufgrund des negativeren Potentials Eisen in Lösung. In beiden Fällen scheidet sich Wasserstoff ab.

Kathodischer Korrosionsschutz

Konstruktionen, die nicht durch Galvanisierung geschützt werden können, wie z. B. unterirdische Rohrleitungen, Öltanker, Öl-Bohrplattformen und Brücken, werden elektrisch leitend mit einem unedleren Metall, das sich ebenfalls im Wasser oder in feuchter Erde befindet, verbunden. Hierfür verwendet man Zink- oder Magnesiumplatten, die in der kurzgeschlossenen galvanischen Zelle als Anode oxidiert werden, und der

Kathode – z. B. Stahl – Elektronen für Reduktionsprozesse liefern. Dabei löst sich die Anode auf – man spricht von einer Opferanode. Dadurch ist die Kathode vor Korrosion geschützt und bleibt unbeschädigt.

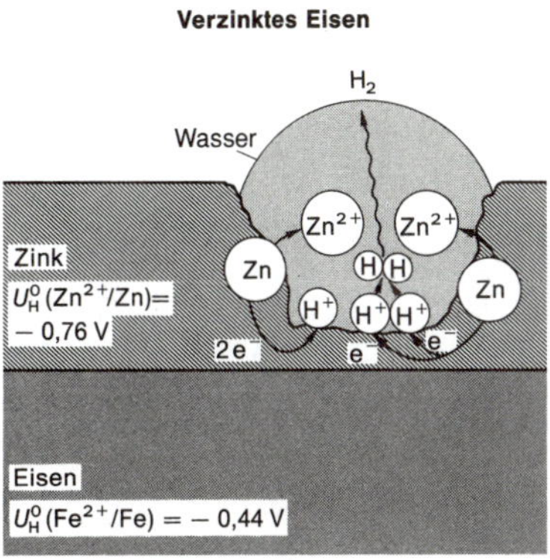

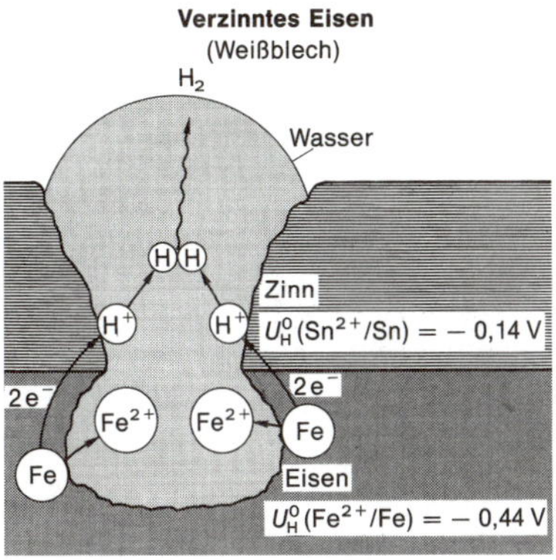

Oxidation, Lokalanode: $Zn(s) \rightarrow Zn^{2+}(aq) + 2e^-$	Oxidation, Lokalanode: $Fe(s) \rightarrow Fe^{2+}(aq) + 2e^-$
Reduktion, Lokalkathode: $2H^+(aq) + 2e^- \rightarrow H_2(g)$	Reduktion, Lokalkathode: $2H^+(aq) + 2e^- \rightarrow H_2(g)$
Eisen ist edler als Zink. Daher wird Zink reduziert, die Wasserstoff-Ionen werden am Eisen reduziert.	Zinn ist edler als Eisen. Daher wird Eisen oxidiert, die Wasserstoff-Ionen werden am Zinn oxidiert

8.2 Kommerziell genutzte elektrochemische Energieerzeuger

Elektrochemische Energieerzeuger (»Batterien«) sind galvanische Zellen, die zum Betreiben ortsunabhängiger Elektrogeräte dienen. Nach dem Funktionsprinzip unterscheidet man Primär-, Sekundärzellen und Brennstoffzellen.

Primärzellen (-elemente) sind galvanische Zellen, deren Zellreaktion nicht umkehrbar ist, das heißt sie lassen sich nur entladen, aber nicht mehr aufladen.
Sekundärzellen (-elemente) stellen galvanische Zellen dar, deren Zellreaktion umkehrbar ist, das heißt sie lassen sich mehrfach entladen und mit einer fremden Stromquelle wieder aufladen.
Brennstoffzellen sind Primärzellen, bei denen die Reaktanden von außen kontinuierlich zugeführt und an Elektroden mit Katalysatorwirkung elektrochemisch umgesetzt werden.

8.2.1 Primärzellen

a) Leclanché-Element

Das **Leclanché-Element** (Zink/Kohle-Batterie, Trockenelement, Monozelle) wurde 1867 zum ersten Mal der Öffentlichkeit vorgestellt und ist auch heutzutage neben der Alkali/Mangan-Batterie die Standard-Batterie für den Haushalt. Minuspol ist der stahlummantelte Zinkbecher, der in ein Gemisch aus Graphitpulver und Braunstein taucht. Eine 20 %ige, eingedickte Ammoniumchlorid-Lösung dient als Elektrolyt.

Elektrodenreaktionen

Anode, Minuspol, Oxidation:

$$Zn\,(s) \rightarrow Zn^{2+}(aq) + 2\,e^-$$

$$U_H^0 = -0{,}76$$

Zink wird oxidiert. Die Zink-Ionen gehen in den Elektrolyten über.

Kathode, Pluspol, Reduktion:

$$2\,H^+(aq) + 2\,e^- \rightarrow H_2\,(g)$$

Die Hydronium-Ionen aus der schwach sauren Ammoniumchlorid-Lösung werden reduziert.

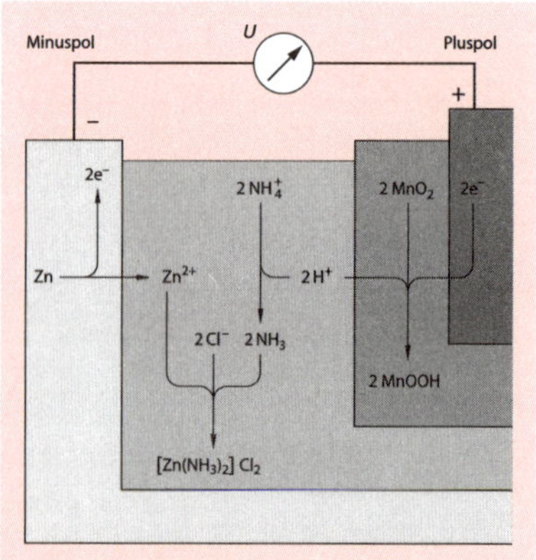

Reaktionen im Leclanché-Element

Das entstehende Wasserstoffgas wirkt stromschwächend (polarisierend) und wird fortlaufend mithilfe des Oxidationsmittels Braunstein (Depolarisator) zu Wasser oxidiert:

$$2\,MnO_2\,(s) + H_2\,(g) \rightarrow 2\,MnOOH\,(s)$$

Gesamtreaktion an der Kathode:

$$2\,\overset{+IV}{Mn}O_2\,(s) + 2\,H^+\,(aq) + 2\,e^- \rightarrow 2\,\overset{+III}{Mn}OOH\,(s)$$

$$U_H^0 = 1{,}01\,V$$

Sekundärreaktionen

Durch den Verbrauch von H^+ (aq) am Pluspol steigt der pH-Wert und es entsteht im Elektrolyten Ammoniak, das am Minuspol von dem entstandenen Zink-Ionenkomplex gebunden wird.

Die dabei entstandenen Diamminzink-Ionen setzen sich mit den Chlorid-Ionen des Elektrolyten zu dem schwerlöslichen Diamminzinkchlorid um, das sich auf den Elektroden ablagert. Dadurch erhöht sich mit der Zeit der elektrische Widerstand der Batterie und ihre Leistung sinkt.

$$[Zn(NH_3)_2]^{2+}\,(aq) + 2\,Cl^-\,(aq) \rightarrow [Zn(NH_3)_2]Cl_2\,(s)$$

Berechnung der Elektrodenpotentiale

Minuspol:

$$U_H\,(Zn^{2+}/Zn) = U_H^0\,(Zn^{2+}/Zn) + 0{,}0295\,V \cdot \lg c\,(Zn^{2+}(aq))$$

$$= -0{,}76\,V + 0{,}0295\,V \cdot \lg \cdot c(Zn^{2+})$$

$$U_H^0(Zn^{2+}/Zn) = -0{,}76\,V \left(\text{bei } c\,(Zn^{2+}) = 1\,mol \cdot l^{-1}\right)$$

Pluspol:

$$U_H(MnO_2/MnOOH) = U_H^0(MnO_2/MnOOH) + 0{,}059\,V \cdot \lg c\,(H^+\,(aq))$$

$$= 1{,}014\,V - 0{,}059\,V \cdot pH$$

$$U_H(MnO_2/MnOOH) = 1{,}014\,V - 0{,}059\,V \cdot 5 = 0{,}733 \quad (\text{bei } pH = 5)$$

Batteriespannung des Leclanché-Elements

$(pH = 5,\ c(Zn^{2+}) = 1\,mol \cdot l^{-1})$:

$$U = U_H(\text{Akzeptorhalbzelle}) - U_H(\text{Donatorhalbzelle})$$

$$U = 0{,}733\,V - (-0{,}76)\,V = 1{,}493\,V$$

b) Alkali/Mangan-Batterie

Diese Batterie ist eine Weiterentwicklung des **Leclanché-Elementes.** Der Batteriebecher besteht aus Stahl und nimmt an elektrochemischen Reaktionen nicht teil (Auslaufsicherheit).

Als Minuspol dient eine Zinkpaste (Oberflächenvergrößerung und damit höhere Entladunsströme). Als Elektrolyt wird Kaliumhydroxid-Lösung verwendet.

Die Hydroxid-Ionen reagieren mit Zink-Ionen zu leichtlöslichem Hydroxozinkat ($[Zn(OH)_4]^{2-}$), das sich nicht auf den Elektrodenflächen ablagert.

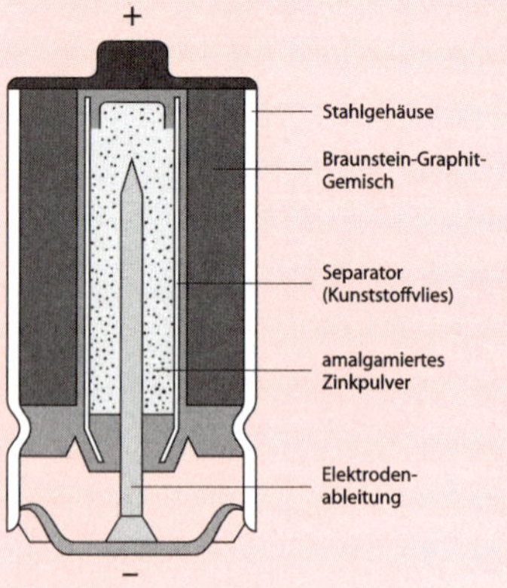

Schnitt durch eine Alkali/Mangan-Batterie

8.2.2 Sekundärzellen

a) Blei-Akkumulator

Eines der weitverbreitesten Sekundärelemente ist der Blei-Akkumulator.

Die Elektroden des Blei-Akkumulators bestehen aus Blei (Pb (s)) und Bleioxid (PbO_2 (s)), die in den Elektrolyten, eine 20 %ige Schwefelsäurelösung, eintauchen. Bei Stromentnahme (galvanische Zelle) laufen an den Elektroden folgende Reaktionen ab:

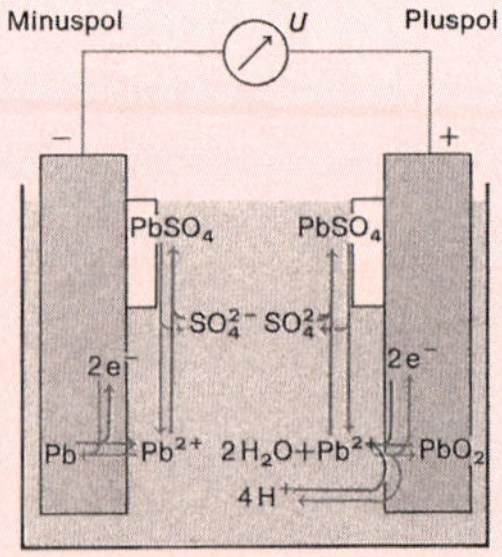

Laden und Entladen eines Blei-Akkumulators

Anode, Oxidation, Minuspol:

$$Pb(s) \rightarrow Pb^{2+} + 2\,e^-$$

Kathode, Pluspol, Reduktion:

$$PbO_2(s) + 4\,H^+(aq) + 2\,e^- \rightarrow Pb^{2+}(aq) + 2\,H_2O\,(l)$$

Die an beiden Polen entstehenden Blei(II)-Ionen bilden mit den Sulfat-Ionen des Elektrolyten (Schwefelsäure) das schwerlösliche Bleisulfat ($PbSO_4$). Die Reaktion lässt sich umkehren, der entladene Blei-Akku kann wieder aufgeladen werden (Elektrolyse):

Anode, Oxidation, Pluspol:

$$Pb^{2+}(aq) + 2\,H_2O\,(l) \rightarrow PbO_2(s) + 2\,e^- + 4\,H^+(aq)$$

Kathode, Reduktion, Minuspol:

$$Pb^{2+}(aq) + 2\,e^- \rightarrow Pb(s)$$

Wegen der hohen Überspannung von Sauerstoff und Wasserstoff an Blei ist die Gasabscheidung bei der Elektrolyse behindert. Aufgrund dieser Tatsache ist das Laden des Blei-Akkus überhaupt erst möglich. Sauerstoff- und Wasserstoffgasbildung (Elektrolyse des Wassers) setzen erst bei höheren Spannungen gegen Ende des Aufladevorgangs ein, wenn die Konzentration der Pb^{2+}-Ionen schlagartig abnimmt.

Gesamtreaktion:

$$Pb(s) + PbO_2(s) + 2\,H_2SO_4(aq) \underset{\text{Laden}}{\overset{\text{Entladen}}{\rightleftharpoons}} 2\,PbSO_4(s) + 2\,H_2O(l)$$

Die Zellspannung beträgt aufgrund der in der Praxis vorliegenden Säurekonzentration und aufgrund des geringen Löslichkeitsproduktes von $PbSO_4$ ca. 2,1 V.

b) Nickel/Cadmium-Akkumulator

Die Elektroden des Nickel/Cadmium-Akkumulators bestehen im geladenen Zustand aus Platten, die am Minuspol mit fein verteiltem Cadmium und am Pluspol mit Nickel(III)-oxidhydroxid beladen sind. 20 %ige Kaliumhydroxid-Lösung wird als Elektrolyt verwendet.

Folgende Reaktionen laufen beim Entladen ab:

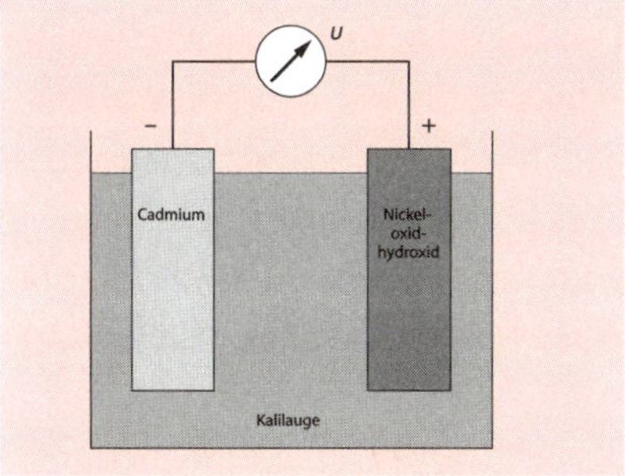

Funktionsschema eines Nickel/Cadmium-Akkus

Anode, Oxidation, Minuspol:

$$Cd(s) + 2\,OH^-(aq) \rightarrow Cd(OH)_2(s) + 2\,e^-$$

Kathode, Reduktion, Pluspol:

$$2\,NiO(OH)(s) + 2\,H_2O(l) + 2\,e^- \rightarrow 2\,Ni(OH)_2(s) + 2\,OH^-(aq)$$

Der Nickel/Cadmium-Akkumulator liefert eine Spannung von etwa 1,3 V. Durch Anlegen einer genügend großen äußeren Spannung werden die Elektrodenreaktionen umgekehrt:

$$Cd + 2\,NiO(OH)(s) + 2\,H_2O(l) \underset{\text{Laden}}{\overset{\text{Entladen}}{\rightleftharpoons}} Cd(OH)_2(s) + 2\,Ni(OH)_2(s)$$

8.2.3 Brennstoffzellen

In Brennstoffzellen wird die bei einer Redoxreaktion frei werdende Energie direkt in elektrische Energie umgewandelt. Da energiereiche Verbrennungsreaktionen auch Redoxreaktionen sind, lassen sie sich in galvanischen Zellen mit einem Wirkungsgrad von mehr als 80 % (in Wärmekraftwerken nur ca. 40 % Wirkungsgrad) zur Stromerzeugung einsetzen. Dabei müssen die Brennstoffe kontinuierlich nachgeführt werden, sodass über längere Zeit elektrische Energie erzeugt werden kann.

Knallgaszelle

In einer Wasserstoff/Sauerstoff-Brennstoffzelle wird die stark exotherm verlaufende Oxidation von Wasserstoff (Knallgasreaktion) zur Stromerzeugung genutzt. Dabei bleiben die Reaktionspartner räumlich getrennt, sodass der größte Teil der chemischen Energie in elektrische Energie umgewandelt wird. Als Elektrolyt wird Kalilauge verwendet.

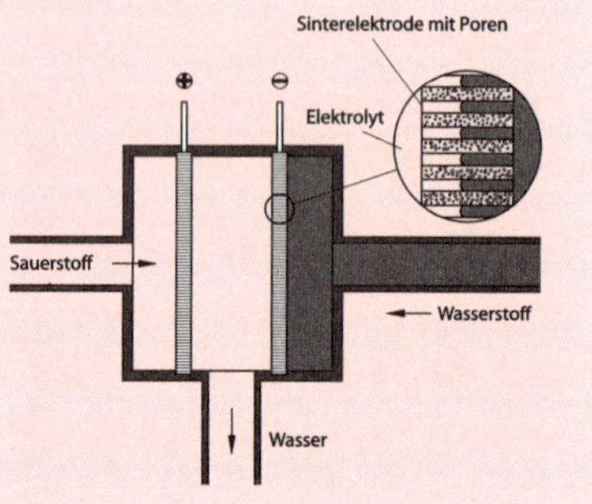

Schema einer Wasserstoff/Sauerstoff-Brennstoffzelle

Elektrodenreaktionen

Anode, Oxidation, Minuspol:

$2\,H_2\,(g) + 4\,OH^-(aq) \rightarrow 4\,H_2O\,(l) + 4\,e^-;\ U_H = -0{,}87\,V$

Kathode, Reduktion, Pluspol:

$O_2\,(g) + 2\,H_2O\,(l) + 4\,e^- \rightarrow 4\,OH^-(aq);\ U_H = 0{,}36\,V$

Gesamtreaktion:

$2\,H_2\,(g) + O_2\,(g) \rightarrow 2\,H_2O\,(l);\ U = 1{,}23\,V$

Brennstoff:

H_2 (wird oxidiert)

Oxidationsmittel:

O_2 (wird reduziert)

Vorteile der Knallgaszelle

- kontinuierlicher Betrieb, kein Aufladen nötig
- umweltfreundlich, nur H_2O als Abgas
- Rohstoffe praktisch unbegrenzt vorhanden

Als Brennstoffe können unter anderem auch Hydrazin $(N_2H_4\,(l))$, Methanol $(CH_3OH\,(l))$, Methan $(CH_4\,(g))$ und Ammoniak $(NH_3\,(g))$ verwendet werden.

8.2.4 Wichtige elektrochemische Energieerzeuger im Überblick

Typ	Funktionsprinzip	Anode ⊕	Kathode ⊖	Elektrolyt
Zink-Braunstein (Leclanché)	primär	Zn-Becher	MnO_2	NH_4Cl-Lösung
Zink/Braunstein (Alkali/Mangan)	primär	Zn-Paste	MnO_2	KOH-Lösung
Blei/Bleioxid	sekundär	Pb	PbO_2	H_2SO_4
Nickel/Cadmium	sekundär	Cd	NiO(OH)	KOH-Lösung
Wasserstoff/ Sauerstoff	Brennstoffzelle	H_2	O_2	KOH-Lösung

Typ	Zellreaktion	Zellspannung
Zink-Braunstein (Leclanché)	$2\,MnO_2\,(s) + 2\,H^+\,(aq) + Zn \rightarrow 2\,MnOOH\,(s) + Zn^{2+} + H_2O$	1,5 V
Zink/Braunstein (Alkali/Mangan)	$2\,MnO_2\,(s) + 2\,H^+\,(aq) + Zn \rightarrow 2\,MnOOH\,(s) + Zn^{2+} + H_2O$	1,5 V
Blei/Bleioxid	$Pb\,(s) + PbO_2\,(s) + 2\,H_2SO_4\,(aq) \rightleftharpoons 2\,PbSO_4\,(s) + 2\,H_2O\,(l)$	2 V
Nickel/Cadmium	$Cd + 2\,NiO(OH)\,(s) + 2\,H_2O\,(l) \rightleftharpoons Cd(OH)_2\,(s) + 2\,Ni(OH)_2\,(s)$	1,3 V
Wasserstoff/ Sauerstoff	$2\,H_2\,(g) + O_2\,(g) \rightleftharpoons 2\,H_2O\,(l)$	1,23 V

9 Elektrolysen – erzwungene Redoxreaktionen

9.1 Elektrolyse wässriger Lösungen

In einer galvanischen Zelle laufen Redoxreaktionen freiwillig ab, dabei wird elektrische Energie nach außen abgegeben.

Die Umkehrung einer spontan ablaufenden Redoxreaktion ist nur unter Einsatz von äußerer elektrischer Energie möglich. Die hierbei zugeführte elektrische Arbeit wird dann als chemische Energie in den entstehenden Produkten gespeichert. Dieser Vorgang wird als **Elektrolyse** bezeichnet.

9.1.1 Vergleich Elektrolysezelle – galvanische Zelle

Taucht man zwei Graphit-Elektroden in eine wässrige Zinkbromid-Lösung und legt eine Spannung von ca. 13 V an, beobachtet man, dass sich an der Kathode Zink in Form einer bäumchenartigen Struktur, an der Anode elementares Brom abscheidet. An der Kathode werden folglich Zink-Ionen zu elementarem Zink reduziert, an der Anode Bromid-Ionen zu Brom oxidiert.

Aufgrund der äußeren angelegten Spannung ist die **Elektronenflussrichtung** im Vergleich zur galvanischen Zelle umgekehrt, sodass die Elektroden auch die **umgekehrten** Vorzeichen erhalten: die Anode wird zum Pluspol, die Kathode zum Minuspol.

Elektrodenreaktionen

Anode, Oxidation, Pluspol:

$$2\,Br^-(aq) \rightarrow Br_2(g) + 2\,e^-$$

Kathode, Reduktion, Minuspol:

$$Zn^{2+}(aq) + 2\,e^- \rightarrow Zn(s)$$

Unterbricht man die Elektrolyse und trennt die Elektroden von der äußeren Spannungsquelle, lässt sich zwischen den Elektroden eine Spannung von ca. 1,8 V messen. Durch die vorangegangene Elektrolyse ist nämlich eine galvanische Zelle entstanden: die Graphit-Kathode wurde zur Zink-Elektrode und die Graphit-Anode zur Brom-Elektrode. Diese Veränderung der Elektrodeneigenschaften aufgrund einer Elektrolyse wird als **Polarisation** bezeichnet. Schaltet man zwischen die Elektroden einen kleinen Elektromotor, so reicht die elektrische Energie der entstandenen galvanischen Zelle aus, um ihn zu betreiben. Dabei lösen sich sowohl die Zink-Anode als auch die Brom-Kathode wieder auf.

<table>
<tr>
<td>Elektrolysezelle
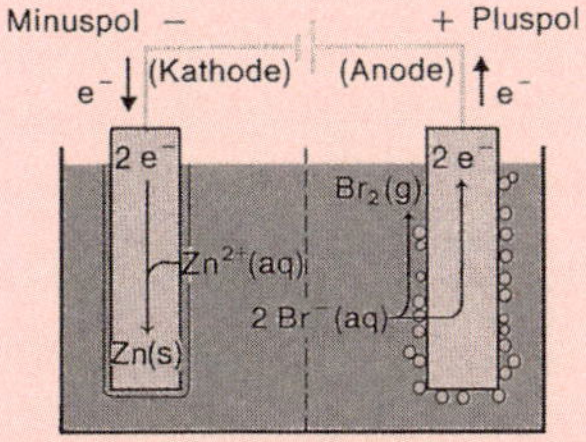
</td>
<td>Galvanische Zelle
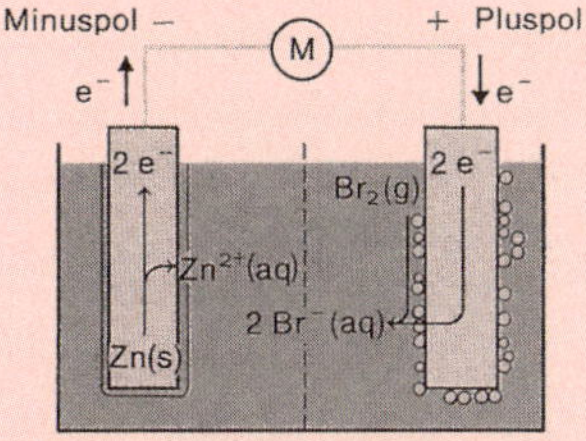
</td>
</tr>
<tr>
<td>Reduktion, Kathode, Minuspol:
Zn^{2+} (aq) + 2 e^- → Zn (s)

Oxidation, Anode, Pluspol:
2 Br^- (aq) → Br_2 (g) + 2 e^-</td>
<td>Oxidation, Anode, Minuspol:
Zn (s) → Zn^{2+} (aq) + 2 e^-

Reduktion, Kathode, Pluspol:
Br_2 (g) + 2 e^- → 2 Br^- (aq)</td>
</tr>
<tr>
<td>Gesamtreaktion:
$ZnBr_2$ (aq) → Zn (s) + Br_2 (g)</td>
<td>Gesamtreaktion:
Zn (s) + Br_2 (g) → $ZnBr_2$ (aq)

Zelldiagramm:
Zn^{2+}/Zn (Graphit)//Br_2/Br^- (Graphit)</td>
</tr>
<tr>
<td>Bei einer Elektrolyse in wässriger Lösung laufen unter Aufwendung elektrischer Energie die umgekehrten Vorgänge ab wie in einer galvanischen Zelle.</td>
<td>$U = U^0_H(\text{Kathode}) - U^0_H(\text{Anode})$
$= U^0_H(Br^-/Br_2) - U^0_H(Zn^{2+}/Zn)$
$= 1{,}07\,V - (-0{,}76\,V)$
$= 1{,}83\,V$</td>
</tr>
</table>

9.1.2 Stromstärke-Spannungskurven

Wie aus dem oben beschriebenen Versuch der Elektrolyse einer Zinkbromid-Lösung hervorgeht, muss man zur elektrolytischen Abscheidung eine weitaus höhere Spannung anlegen (ca. 13 V), als bei der galvanischen Zelle (1,83 V) erzeugt wird.

Die Ursachen sollen an folgenden Beispielen der Elektrolyse einer Kupfersulfat-Lösung ($c = 1\,\mathrm{mol \cdot l^{-1}}$) mit jeweils Kupfer-, Platin- und Graphitelektroden näher untersucht werden. Dazu erhöht man von Null Volt ausgehend in kleinen Schritten die Spannung und misst jeweils die Stromstärke in der Elektrolysezelle. Stellt man die Stromstärke in Abhängigkeit von der angelegten Spannung grafisch dar, so erhält man eine Stromstärke-Spannungskurve.

a) Elektrolyse einer $CuSO_4$-Lösung mit Kupfer-Elektroden

Die Kupfermenge, die an der Anode in Lösung geht, entspricht derjenigen, die sich an der Kathode abscheidet. Je größer die Spannung, je größer die Stromstärke, desto größer der elektrolytische Umsatz. Die Anode löst sich auf, die Kathode wächst. Die Stromstärke-Spannungskurve hat ihren Ursprung im Nullpunkt (→ Abbildung rechts).

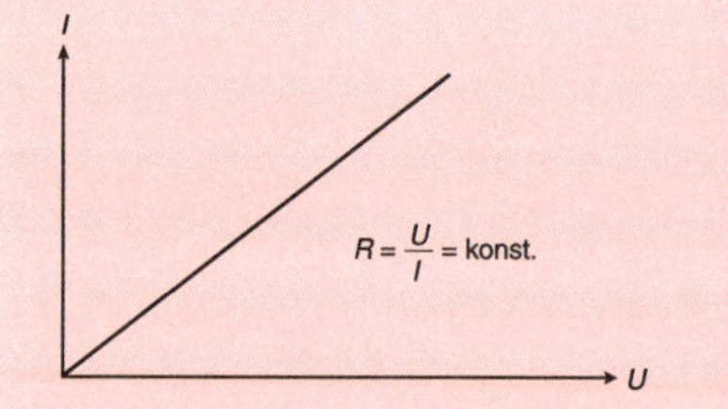

Stromstärke-Spannungskurve der Elektrolyse einer Kupfersulfat-Lösung mit Kupfer-Elektroden

Der **Ohm'sche** Widerstand der Zelle ist konstant, da die Konzentration an Cu^{2+}-Ionen über die Zeit hin unverändert bleibt.

Elektrodenreaktionen

Anode, Oxidation, Pluspol:

$$Cu(s) \rightarrow Cu^{2+}(aq) + 2\,e^-$$

Kathode, Reduktion, Minuspol:

$$Cu^{2+}(aq) + 2\,e^- \rightarrow Cu(s)$$

b) Elektrolyse einer $CuSO_4$ -Lösung an Graphit-Elektroden

Die Stromstärke-Spannungskurve verläuft zunächst sehr flach und steigt bei einer bestimmten Spannung U_Z, die als **Zersetzungsspannung** bezeichnet wird, steil an (→ Abbildung rechts). Die eigentliche Elektrolyse beginnt also bei U_Z. Dabei ist an der Anode die Abscheidung von Sauerstoff zu beobachten, der aus der Elektrolyse des Wassers herrührt. An der Kathode scheidet sich Kupfer ab. Die geringe Steigung der Kurve vor der Zersetzungsspannung U_Z ist damit zu erklären, dass aufgrund der geringen Spannung nur ein kleiner Elektrolysestrom entsteht, der zum Abscheiden von nur wenig Sauerstoff und Kupfer führt. Die gebildeten Teilchen werden an den Graphit-Elektroden adsorbiert, sodass eine galvanische Zelle $Cu/Cu^{2+}//H_2O/O_2$ (Graphit) mit einem Potential von 0,88 V entsteht.

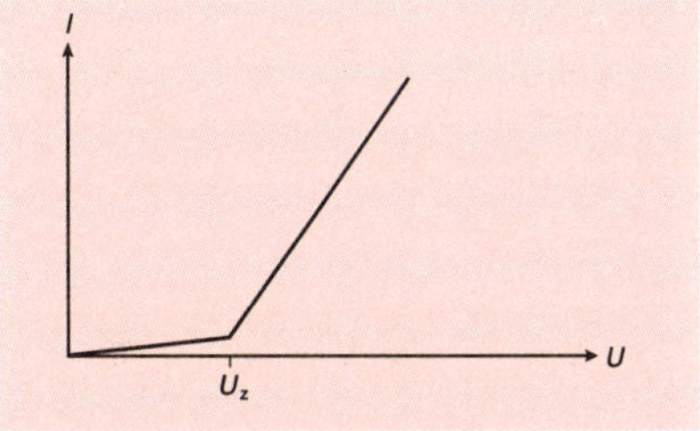

Stromstärke-Spannungskurve der Elektrolyse einer Kupfersulfat-Lösung mit Graphit-Elektroden

Berechnung der Zellspannung bei der Elektrolyse

$U_H^0(H_2O/O_2) = 1{,}23\,V$

$U_H^0(Cu/Cu^{2+}) = 0{,}35\,V$

$U = U_H^0(H_2O/O_2(\text{Graphit})) - U_H^0(Cu/Cu^{2+})$

$U = 1{,}23\,V - 0{,}35\,V = 0{,}88\,V$

Die Spannung dieser durch die Elektrolyse entstandenen galvanischen Zelle, die auch als Zellspannung oder Polarisationsspannung bezeichnet wird, wirkt der Elektrolysespannung entgegen und muss überwunden werden. Aber die Elektrolysespannung muss noch weiter über das Potential der galvanischen Zelle hinaus auf die Zersetzungsspannung U_Z erhöht werden, damit nennenswerte Elektrolyseprodukte erhalten werden. Mit ein Hauptgrund hierfür ist der Vorgang der Sauerstoffabscheidung an der Graphit-Elektrode. Die Differenz zwischen der Spannung des entstehenden galvanischen Elementes (Polarisationsspannung) und der an den jeweiligen Elektroden gemessenen Zersetzungsspannung wird als Überspannung U^* bezeichnet. Bei weiterer Erhöhung der Spannung, ändert sich die Stromstärke analog der Elektrolyse an Kupfer-Elektroden (vergleiche: a)).

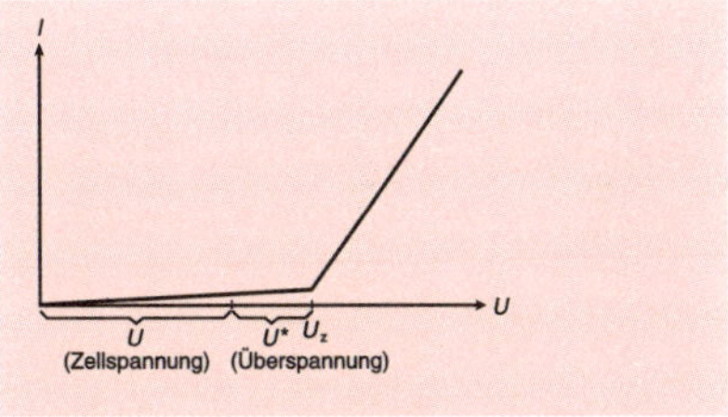

Zersetzungsspannung, Überspannung, Zellspannung

Elektrodenreaktionen

Anode, Oxidation, Pluspol:

$$2\,H_2O\,(l) \rightarrow O_2\,(g) + 4\,H^+(aq) + 4\,e^-$$

Kathode, Reduktion, Minuspol:

$$Cu^{2+}(aq) + 2\,e^- \rightarrow Cu\,(s)$$

c) Elektrolyse einer $CuSO_4$ -Lösung an Platin-Elektroden

Die Elektrolyse beginnt bei einer höheren Zersetzungsspannung als im Fall b), da andere Elektroden (Platin-Elektroden) verwendet werden, die eine höhere Überspannung verursachen (siehe Abbildung rechts). Ansonsten laufen die gleichen Reaktionen wie bei b) ab.

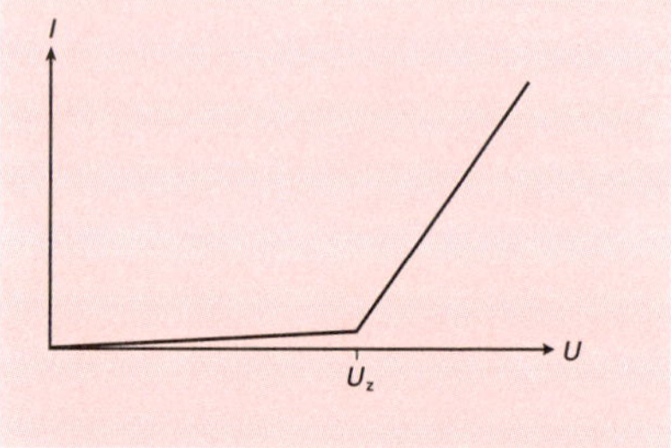

Stromstärke-Spannungskurve der Elektrolyse einer Kupfersulfat-Lösung mit Platin-Elektroden

Überspannung: Der Überspannungsanteil einer Elektrodenreaktion hängt von der Temperatur, vom abzuscheidenden Stoff und dessen Konzentration, vom Elektrodenmaterial und von der Oberflächenbeschaffenheit der Elektroden ab. Auch die Stromdichte an den Elektroden stellt einen wichtigen Faktor dar. Die Stromdichte ist der Quotient aus Stromstärke und Elektrodenoberfläche. Mit zunehmender Stromdichte steigt die Überspannung an. Kinetische Hemmungen einzelner Reaktionsschritte an den Elektroden, z. B. bei der Abscheidung von Stoffen, können Ursache für Überspannung sein. Damit die Reaktion abläuft, sind erhöhte Aktivierungsenergien notwendig. Diese können je nach katalytischer Wirkung der Elektroden unterschiedlich groß sein.

Bei der Abscheidung von Gasen z. B. bei H_2, O_2 und Cl_2 treten in der Regel hohe Überspannungen auf (→ Tabelle auf der nächsten Seite). Bei Reaktionen, die zur Abscheidung von Metallen führen, sind sie in der Regel vernachlässigbar.

Die einzelnen Spannungswerte, die bei einer Elektrolyse auftreten, lassen sich anschaulich in **Spannungsdiagrammen** darstellen (→ Abbildung rechts).

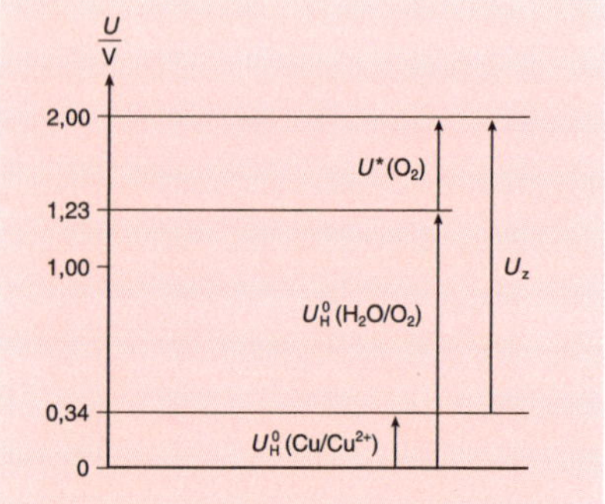

Spannungsdiagramm der Elektrolyse einer Kupfersulfat-Lösung mit Platin-Elektroden

Überspannungsanteile *U* in Volt für die Abscheidung einiger Gase

Gas	Elektrodenmaterial	Stromdichte in $A \cdot cm^{-2}$ 10^{-3}	10^{-2}	10^{-1}	10^{-0}
Wasserstoff	Pt (platiniert)	−0,02	−0,04	−0,06	−0,07
	Pt (blank)	−0,12	−0,23	−0,35	−0,47
	Graphit	−0,60	−0,78	−0,97	−1,03
	Quecksilber	−0,94	−1,04	−1,15	−1,25
Sauerstoff	Pt (platiniert)	0,40	0,52	0,64	0,77
	Pt (blank)	0,72	0,85	1,28	1,49
	Graphit	0,53	0,90	1,09	1,24
Chlor	Pt (platiniert)	0,006	0,016	0,026	0,08
	Pt (blank)	0,008	0,03	0,054	0,24
	Graphit	0,1	0,12	0,25	0,50

9.1.3 Vorhersage der Elektrodenreaktionen bei Elektrolysen

Anhand der Elektrolyse einer Natriumsulfat-Lösung ($c = 1\,mol \cdot l^{-1}$; pH = 7) an Platin-Elektroden soll gezeigt werden, inwieweit es möglich ist, die an den Elektroden ablaufenden Reaktionen bei Elektrolysen vorherzusagen.

In einem **ersten Schritt** listet man alle in der zu elektrolysierenden Lösung vorkommenden Teilchen auf, bildet mögliche korrespondierende Redoxpaare und notiert die dazugehörigen Standardpotentiale: Vorkommende Teilchen in einer Natriumsulfat-Lösung: Na^+ (aq), SO_4^{2-} (aq), H_2O (l) mögliche korrespondierende Redoxpaare:

- Na^+ (aq)/Na (s) $U_H^0 = -2{,}71\,V$
- $S_2O_8^{2-}$ (aq)/SO_4^{2-} (aq) $U_H^0 = 2{,}01\,V$
- H_2O (l)/H_2 (g) pH = 7 $U_H^0 = -0{,}41\,V$
- O_2 (g)/H_2O (l) pH = 7 $U_H^0 = 0{,}82\,V$

In einem **zweiten Schritt** werden der Anode denkbare Oxidationsreaktionen und der Kathode mögliche Reduktionsreaktionen zugeordnet:

- Na^+(aq) kann nur zu Na (s) reduziert werden, die Reaktion kann daher nur an der Kathode ablaufen.
- SO_4^{2-} (aq) kann nur zu $S_2O_8^{2-}$ (aq) oxidiert werden, die Reaktion kann daher nur an der Anode ablaufen.
- Der Wasserstoff im Wasser-Molekül kann nur zu H_2 (g) reduziert werden, die Reaktion kann daher nur an der Kathode ablaufen.
- Der Sauerstoff im Wassermolekül kann nur zu O_2 (g) oxidiert werden, die Reaktion kann daher nur an der Anode ablaufen.

Bei Gasreaktionen müssen in einem dritten Schritt noch die Überspannungen an den Platin-Elektroden berücksichtigt werden:

- $U^*(O_2)$(Pt, blank): 0,72 V bei einer Stromdichte von $10^{-3}\,A \cdot cm^{-2}$
- $U^*(H_2)$ (Pt, blank): −0,12 V bei einer Stromdichte von $10^{-3}\,A \cdot cm^{-2}$

Somit ergeben sich folgende Abscheidungspotentiale für die an den Elektroden ablaufenden Reaktionen:

Anode, Oxidation, Pluspol:

$2\,SO_4^{2-}(aq) \rightarrow S_2O_8^{2-}(aq) + 2\,e^-;\ U_H^0 = 2{,}01\,V$

$H_2O\,(l) \rightarrow O_2(g) + 4\,H^+(aq) + 4\,e^-$

$U_H = 0{,}82\,V + U^*(O_2) = 0{,}82\,V + 0{,}72\,V = 1{,}54\,V$

Folgerung: Da H_2O ein geringeres Potential (1,54 V) als SO_4^{2-}(aq) (2,01 V) hat und somit unedler ist, gibt es bei der Oxidation leichter und damit eher seine Elektronen ab als SO_4^{2-}(aq). SO_4^{2-}(aq) würde seine Elektronen erst dann abgeben, wenn alles H_2O oxidiert wäre. Somit wird an der Anode Wasser zu gasförmigen Sauerstoff oxidiert.

Kathode, Reduktion, Minuspol:

$Na^+(aq) + e^- \rightarrow Na\,(s);\ U_H^0 = -2{,}71\,V$

$2\,H_2O\,(l) + 2\,e^- \rightarrow H_2(g) + 2\,OH^-(aq)$

$U_H = -0{,}41\,V + U^*(H_2) = -0{,}41\,V + (-0{,}12\,V) = -0{,}53\,V$

Folgerung: Da der Wasserstoff im H_2O (l) ein höheres Potential (−0,53 V) als Na^+(aq) (−2,71 V) hat und somit edler ist, nimmt er bei der Reduktionsreaktion zuerst die Elektronen auf und wird zu H_2 reduziert. Na^+ könnte erst dann Elektronen aufnehmen, wenn alles H_2O zu Wasserstoff reduziert wäre.

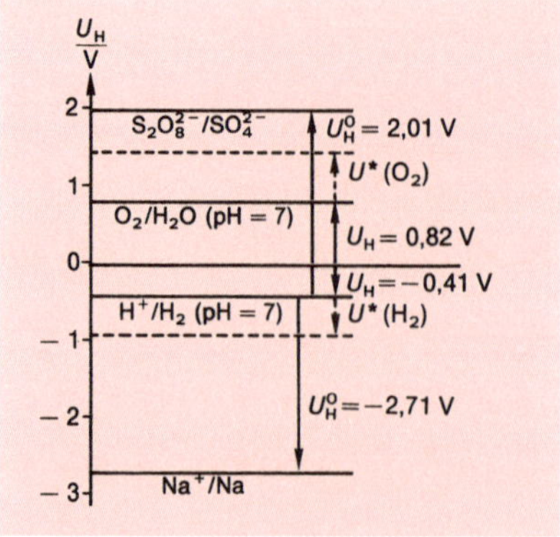

Spannungsdiagramm zur Elektrolyse von Natriumsulfat-Lösung

Schlussfolgerung: Folglich wird an den Platin-Elektroden eine Sauerstoffentwicklung an der Anode und eine Wasserstoffentwicklung an der Kathode zu beobachten sein.

! Bei Elektrolysen laufen immer diejenigen Reaktionen ab, welche die kleinste Zersetzungsspannung erfordern. An der Anode wird der Stoff mit dem kleinsten Abscheidungspotential oxidiert. An der Kathode wird der Stoff mit dem größten Abscheidungspotential reduziert.

Die Zersetzungsspannung wird folgendermaßen berechnet:
$U_Z = [U_H(\text{Anode}) + U^*(\text{Anode})] - [U_H(\text{Kathode}) + U^*(\text{Kathode})]$

Aus folgender Abbildung wird ersichtlich, dass die Abscheidungspotentiale von Wasserstoff und Sauerstoff (ohne Berücksichtigung der Überspannung), das heißt die Polarisationsspannung von Wasser, unabhängig vom pH-Wert des Elektrolyten immer 1,23 V betragen.

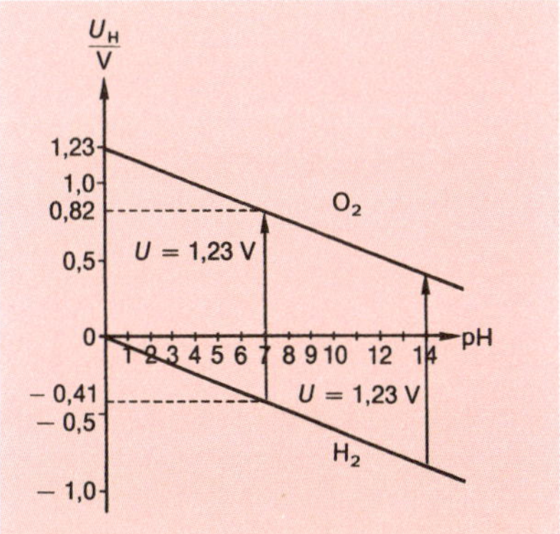

pH-Abhängigkeit der Abscheidungspotentiale von Wasserstoff und Sauerstoff

9.2 Technische Anwendungen von Elektrolysen

9.2.1 Faraday'sche Gesetze

Um herauszufinden, welche Stoffmengen sich unter bestimmten Elektrolysebedingungen abscheiden, führte Faraday Anfang des 19. Jahrhunderts eine Vielzahl von Elektrolyse-Versuchen durch, bei denen er Stromstärke und Elektrolysedauer variierte und die abgeschiedenen Stoffmassen bestimmte. Dabei fand er zwei Gesetzmäßigkeiten:

! **1. Faraday'sches Gesetz:**
Die elektrolytisch abgeschiedenen Stoffmengen sind der durch den Elektrolyten geflossenen Ladung $Q = I \cdot t$ proportional
(Q: Ladung, I: Stromstärke, t: Elektrolysezeit).

2. Faraday'sches Gesetz:
Zur elektrolytischen Abscheidung von 1 Mol Teilchen eines Stoffes ist die Ladung $Q = 1\,\text{mol} \cdot z \cdot F$ erforderlich
(z: Zahl der Elektronen, die bei der Abscheidung eines Teilchens an der Elektrode ausgetauscht werden,
F: **Faraday-Konstante** $= 96\,500\,\text{C} \cdot \text{mol}^{-1} = 96\,500\,\text{A} \cdot \text{s} \cdot \text{mol}^{-1}$).

9.2.2 Chloralkali-Elektrolyse

Bei der Chloralkali-Elektrolyse wird in großtechnischem Maßstab Natriumchlorid-Lösung aus Steinsalz elektrolysiert. Die Elektrolyseprodukte Chlor, Natronlauge und Wasserstoff dienen in der chemischen Industrie als Grundstoffe.
Von den vorliegenden Teilchen können $Na^+(aq)$ und der Wasserstoff des Wasserteilchens bei einer Elektrolyse nur reduziert werden, $Cl^-(aq)$ und H_2O oxidiert werden. Somit sind an den Elektroden folgende Reaktionen denkbar:

Anode, Oxidation, Pluspol:

$2\,Cl^-(aq) \rightarrow Cl_2(g) + 2\,e^-;\; U_H^0 = 1{,}36\,V$

$2\,H_2O(l) \rightarrow O_2(g) + 4\,H^+(aq) + 4\,e^-;\; U_H^0 = 0{,}82\,V$ bei pH = 7

Kathode, Reduktion, Minuspol:

$Na^+(aq) + e^- \rightarrow Na(s);\; U_H^0 = -2{,}71\,V$

$2\,H_2O(l) + 2\,e^- \rightarrow 2\,OH^-(aq) + H_2(g);\; U_H^0 = -0{,}41\,V$ bei pH = 7

Da H_2O ein geringeres Potential (0,82 V) hat als Cl^- (aq) (1,36 V) und somit unedler ist, gibt es bei der Oxidation leichter und damit eher seine Elektronen ab als Cl^- (aq). Somit würde an der Anode Wasser zu gasförmigem Sauerstoff oxidiert werden. Da der Wasserstoff im H_2O (l) ein höheres Potential (–0,41 V) als Na^+ (aq) (–2,71 V) hat und somit edler ist, nimmt er bei der Reduktionsreaktion zuerst die Elektronen auf und wird zu H_2 reduziert. Somit würde an der Kathode H_2 (g) entstehen. Ohne die Berücksichtigung von Überspannungen würden also die Elektrolyseprodukte des Wassers entstehen.

Die von der Industrie gewünschten Produkte wie Chlorgas und Natronlauge lassen sich daher bei dieser Versuchsanordnung nur durch Überspannungseffekte an den Elektroden und die pH- und Konzentrationsabhängigkeit der Potentiale erhalten. Dies wird bei den wichtigsten Herstellungsmethoden, wie dem älteren Amalgam- und dem neueren Diaphragma-Verfahren, über unterschiedliche Strategien erreicht.

a) Amalgam-Verfahren

Beim Amalgam-Verfahren kommen Titan-Anoden, die zu ihrem Schutz mit Edelmetalloxiden überzogen sind, und Quecksilber-Kathoden zum Einsatz.

Anode:

Titan-Anoden (früher Graphit-Anoden) werden bevorzugt, da die Überspannung von Sauerstoff an Titan sehr viel größer ist als die Überspannung von Chlor:

$$U^*(O_2(Ti)) \gg U^*(Cl_2(Ti))$$

$$U(H_2O/O_2) + U^*(O_2) \gg U(Cl^-/Cl_2) + U^*(Cl_2).$$

Daher scheidet sich an der Anode das gewünschte Chlorgas ab.

Kathode:

Sehr reine Natronlauge erhält man, wenn metallisches Natrium mit Wasser reagiert. Daher ist man bestrebt, an der Kathode metallisches Natrium zu erzeugen. Dies wird erreicht, indem man einerseits das Abscheidungspotential von Wasserstoff ($U^0_H = -0{,}41$ V bei pH = 7) negativer, andererseits das von Natrium ($U^0_H = -2{,}71$ V) positiver werden lässt.

Das Abscheidungspotential von Wasserstoff wird negativer durch

- die Überspannung von Wasserstoff an Quecksilber: $U^*(H_2(Hg)) = -1{,}2$ V bei einer Stromdichte von $0{,}5\,A \cdot cm^{-2}$
- einen alkalischen pH-Wert an der Kathode, der durch die entstehenden OH^--Ionen bei der anfänglichen Wasserstoff-Abscheidung entsteht: $U(H^+/H^2) = -0{,}71$ bei pH = 12

So erhält man ein Wasserstoff-Abscheidungspotential von –1,91 V:

$U(H^+/H^2) + U^*(H_2(Hg)) = -1{,}91\,V.$

Das Abscheidungspotential von Natrium wird positiver durch die Bildung von flüssigem Natriumamalgam, einer Natrium-Quecksilber-Legierung, da die Amalgambildung ein Energie freisetzender Prozess ist (entspricht 0,87 V). Somit muss für die Elektrolyse weniger elektrische Energie aufgewendet werden:

$U(Na^+/Na) = -2{,}71\,V + 0{,}87\,V = -1{,}84\,V.$

An der Kathode entsteht daher metallisches Natrium. In einer Sekundärreaktion lässt man das Natriumamalgam im Amalgamzersetzer mit Wasser zu Natronlauge und Wasserstoff reagieren.

Übersicht über den Stoff- und Energieumsatz beim Amalgam-Verfahren

Anode und Kathode

$2\,NaCl(aq) \rightarrow Cl_2(g) + 2\,Na(s)$

Kathode

$2\,Na(s) + 2\,Hg(l) \rightarrow 2\,NaHg(l)$

Amalgamzersetzer

$2\,NaHg(l) + 2\,H_2O(l) \rightarrow 2\,NaOH(aq) + 2\,Hg(l) + H_2(g)$

$2\,NaCl(aq) + 2\,H_2O(l) \rightarrow 2\,NaOH(aq) + Cl_2(g) + H_2(g)$

$\Delta_R H^0_m = +\,454\,kJ \cdot mol^{-1}$

b) Diaphragma-Verfahren

Beim Diaphragma-Verfahren wird anstelle von Quecksilber eine Kathode aus Eisen verwendet. Da die Überspannung von Wasserstoff an Eisen viel geringer ist als an Quecksilber, wird Wasserstoff und nicht Natrium abgeschieden. An den Anoden aus Titan bildet sich wie beim Amalgam-Verfahren Chlor.

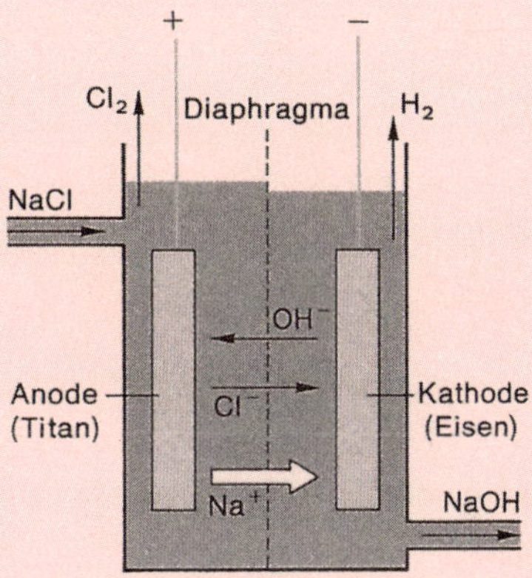

Diaphragma-Verfahren

Elektrodenreaktionen

Kathode:

$$2\,H_2O\,(l) + 2\,e^- \rightarrow H_2\,(g) + 2\,OH^-(aq)$$

Anode:

$$2\,Cl^-\,(aq) \rightarrow Cl_2\,(g) + 2\,e^-$$

Um zu verhindern, dass die an der Kathode gebildeten Hydroxid-Ionen zur Anode gelangen und sich dort mit dem gebildeten gasförmigen Chlor in einer Disproportionierungsreaktion zu Chlorid (Cl^-) und Hypochlorit (OCl^-) umsetzen, unterteilt man die Elektrolysezelle durch eine Scheidewand, ein Diaphragma aus Asbest, in einen Kathodenraum und in einen Anodenraum. Das Diaphragma behindert die Ionenwanderung im elektrischen Feld nur kaum. Damit eine Diffusion der Hydroxid-Ionen in den Anodenraum darüber hinaus erschwert wird, stellt man über die Fließgeschwindigkeit der Sole im Anodenraum einen höheren Flüssigkeitspegel ein, sodass sich über den hydrostatischen Druck eine Flüssigkeitsbewegung vom Anodenraum in den Kathodenraum einstellt.

9.2.3 Kupfer-Raffination

Bei diesem Verfahren geht während der Elektrolyse die Anode aus Rohkupfer in Lösung. Die Kupfer-Ionen werden an der Reinkupfer-Kathode zu Kupfer reduziert. Der Elektrolyt besteht aus Kupfersulfat in verdünnter Schwefelsäure-Lösung.

Die Spannung beträgt etwa 0,3 V, sodass nur Kupfer und alle unedleren Bestandteile oxidiert und gelöst werden. Die edleren Metalle fallen als unlöslicher Anodenschlamm zu Boden. Aus diesem werden Metalle wie Silber und Gold gewonnen, die ebenfalls elektrolytisch gereinigt werden.

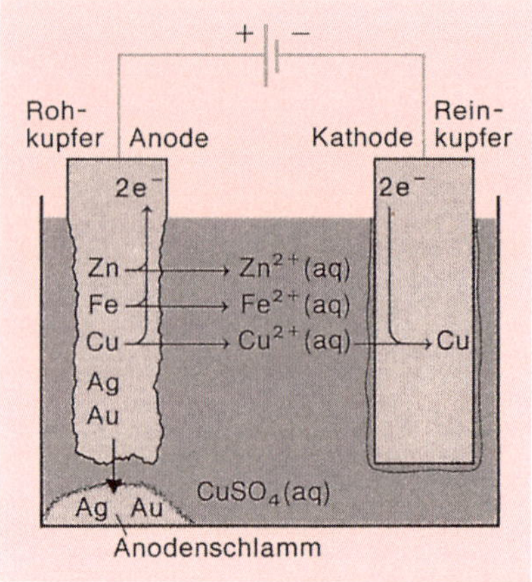

Elektrolytische Kupfer-Raffination

An der Kathode scheidet sich nur Kupfer ab, da es von allen Metall-Ionen am ehesten reduziert wird. Nach der Elektrolyse werden die Reinkupfer-Kathoden eingeschmolzen und als 99,8 %iges Elektrolyt-Kupfer in den Handel gebracht.

9.2.4 Galvanisieren

Beim Galvanisieren wird ein vor Korrosion zu schützendes Metall mit einer Schicht eines widerstandsfähigeren Metalls überzogen. Die Metallteile werden in eine Salzlösung des Überzugmetalls getaucht und als Kathode geschaltet. Die Anode besteht aus dem Überzugsmetall, sie löst sich während der Elektrolyse auf.

9.2.5 Herstellung von Aluminium mithilfe der Schmelzfluss-Elektrolyse

Das wichtigste Mineral für die Herstellung von Aluminium ist Bauxit ($Al_2O_3 \cdot H_2O$), das zu sehr reinem Aluminiumoxid aufgearbeitet werden muss. Die so genannte Schmelzfluss-Elektrolyse findet in einer mit Kohle ausgekleideten Eisenwanne statt. Die Kohlemasse ist als Kathode geschaltet. Als Anode dienen Graphitblöcke. Da Aluminiumoxid eine sehr hohe Schmelztemperatur von 2045 °C hat, wird es in geschmolzenem Kryolith (Na_3AlF_6) gelöst. Dadurch erfolgt eine Schmelztemperaturerniedrigung auf 940 °C sowie eine Leitfähigkeitserhöhung und damit eine Verbesserung der Stromausbeute. Die Temperatur der Schmelze beträgt während der Elektrolyse etwa 960 °C, die Elektrolysespannung liegt bei 4,5 bis 5 V. Die Schmelztemperatur von Aluminium beträgt 659 °C. Vereinfacht dargestellt laufen an den Elektroden folgende Reaktionen ab.

Anode, Oxidation, Pluspol:

$$3\,C + 6\,O^{2-} \rightarrow 3\,CO_2 + 12\,e^-$$

Kathode, Reduktion, Minuspol:

$$4\,Al^{3+} + 12\,e^- \rightarrow 4\,Al$$

Gesamtreaktion:

$$2\,Al_2O_3\,(l) + 3\,C\,(s) \rightarrow 4\,Al\,(l) + 3\,CO_2\,(g)$$

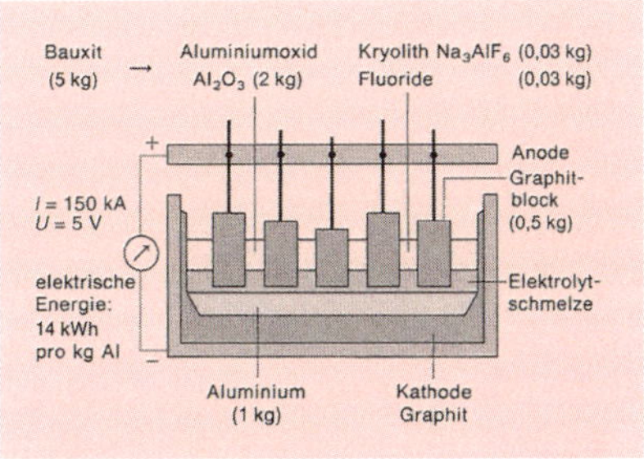

Herstellung von Aluminium (Verbrauchswerte für 1 kg)

Zu erwarten wäre, dass an der Anode Sauerstoff durch Oxidation der O^{2-}-Ionen entsteht.

Durch direkte elektrochemische Oxidation der Anode mit der Schmelze bildet sich aber Kohlenstoffdioxid, in geringeren Mengen auch Kohlenstoffmonooxid. Dadurch löst sich die Graphitanode während der Elektrolyse auf und muss laufend nachgeführt werden. Das gebildete flüssige Aluminium sammelt sich auf dem Boden der Wanne und wird so zur Kathode. Die Herstellung von Aluminium ist sehr umweltbelastend. Einerseits entstehen als Abgase CO_2, CO und HF aus dem Kryolith, zum anderen beträgt der Energieverbrauch ca. 14 kWh je kg Aluminium.

9.3 Galvanische Zelle und Elektrolysezelle im Vergleich

	galvanische Zelle	Elektrolysezelle
Ablauf der Redoxreaktion in der Zelle	freiwillig	erzwungen
Spannung	Zellspannung = Elektrodenpotential (Kathode) – Elektrodenpotential (Anode)	Theoretische Zersetzungsspannung als Differenz zwischen anodischem und kathodischem Abscheidungspotential
Auswirkung der Überspannung	Zellspannung bei Stromfluss durch Überspannung herabgesetzt	Zersetzungs- und damit Elektrolysespannung durch Überspannung erhöht
Art der Energieumwandlung	Umwandlung chemischer Energie in elektrische Energie	Umwandlung von elektrischer Energie in chemische Energie, die in den Elektrolyseprodukten enthalten ist

10 Kohlenwasserstoffe

10.1 Gesättigte Kohlenwasserstoffe

10.1.1 Alkane

Alkane sind Kohlenwasserstoffe mit maximal möglicher Zahl an Wasserstoff-Atomen der allgemeinen Formel $\mathbf{C_nH_{2n+2}}$.

Übersicht über die ersten Glieder der homologen Reihe der Alkane

IUPAC- Name	Molekülformel	IUPAC- Name	Molekülformel
Methan	CH_4	Hexan	C_6H_{14}
Ethan	C_2H_6	Heptan	C_7H_{16}
Propan	C_3H_8	Octan	C_8H_{18}
Butan	C_4H_{10}	Nonan	C_9H_{20}
Pentan	C_5H_{12}	Decan	$C_{10}H_{22}$

Bei Alkanen ab drei C-Atomen gibt es neben gradkettigen auch verzweigte Isoalkane. Haben die Isoalkane gleiche Summenformel, spricht man von **Stellungs-Isomerie**, der Oberbegriff ist **Konstitutions-Isomerie.**

! **Konstitutions-Isomere sind Verbindungen mit gleicher Summenformel, aber unterschiedlicher Verknüpfung ihrer Atome.**

Stellungs-Isomere unterscheiden sich nur in der Stellung von Alkyl-Resten.

Nomenklaturregeln nach IUPAC

IUPAC: (*International **U**nion of **P**ure and **A**pplied **C**hemistry*)

1. Die längste Kette aus verbundenen Kohlenstoff-Atomen ergibt den Stammnamen.
2. Die Seitenketten werden vorangestellt und erhalten die Endung -yl. Gleiche Seitenketten werden durch Zahlwörter (di-, tri- tetra-) zusammengefasst.
3. Die Verzweigungsstelle wird durch Zahlen angegeben. Dabei werden die Kohlenstoff-Atome der Hauptkette so durchnummeriert, dass möglichst kleine Zahlen entstehen.
4. Enthält das verzweigte Alkan unterschiedliche Seitenketten, so werden diese alphabetisch aufgeführt, wobei die Zahlwörter als Vorsilbe nicht berücksichtigt werden.

Beispiele:

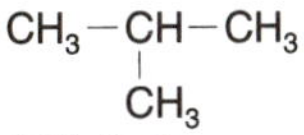

2-Methylpropan

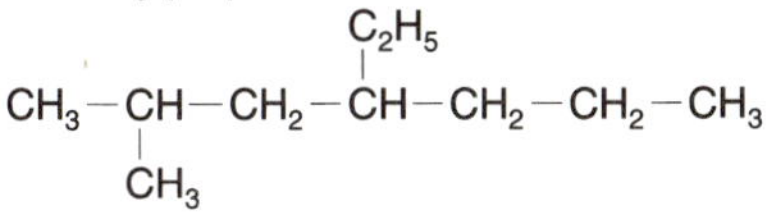

4-Ethyl-2-methylheptan

Hybridisierung, Bau und Bindungslänge

Der Kohlenstoff ist in den Alkanen sp^3-hybridisiert (vergleiche → Abbildung Seite 22, unten).

Die geometrische Anordnung entspricht der eines Tetraeders, das heißt der Winkel zwischen zwei Bindungen beträgt 109,5 °, die Bindungslänge beträgt 154 pm.

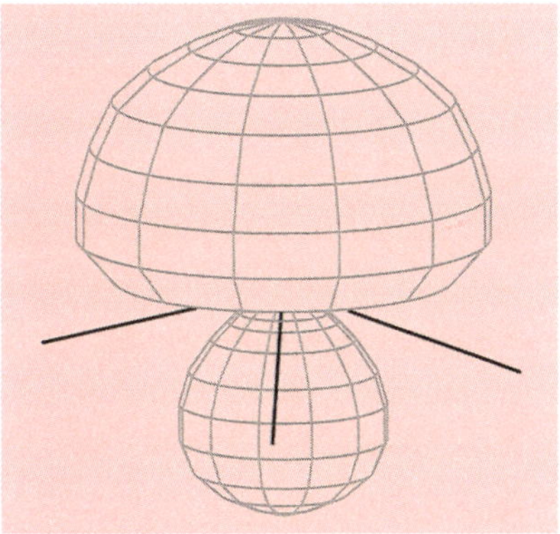

Eine der sp^3-Bindungen im Methan

Physikalische Eigenschaften der Alkane

Alle Alkane sind völlig unpolar, zwischen ihnen herrschen nur Van-der-Waals-Kräfte. Diese nehmen mit zunehmender Masse zu:

$C_1 - C_4$	gasförmig
$C_5 - C_{16}$	flüssig
$> C_{16}$	fest

Verzweigte Kohlenwasserstoffe haben tiefere Siede- und Schmelztemperaturen als ihre unverzweigteren Isomeren.

Grund: Je verzweigter ein Molekül, desto näher ist es der Kugelgestalt, desto geringer ist die Oberfläche und umso geringer sind die Van-der-Waals-Kräfte.

Aufgrund ihres unpolaren Charakters sind Alkane hydrophob, also auch lipophil.

Chemische Reaktionen der Alkane: radikalische Substitution S_R

Alle Alkane sind sehr reaktionsträge (Paraffine, *parum affinis*: wenig teilnehmend, das heißt geringe Neigung zu Reaktionen mit anderen Stoffen). Sie lassen sich lediglich durch radikalische Substitution (S_R) halogenieren.

! **Definition: Unter Substitution versteht man den Austausch einzelner Atome oder Atomgruppen im Molekül einer organischen Verbindung gegen andere Atome oder Atomgruppen.**

Reaktionsgleichung für Methan:

$CH_4 + Br_2 \rightarrow CH_3Br + HBr$

Reaktionsmechanismus der radikalischen Substitution

- **Startreaktion Homolyse:** Der erste Schritt zur Halogenierung von Alkanen besteht in einer Homolyse der Halogene durch Licht und Wärme. Dabei wird die Bindung zwischen den Halogen-Atomen so aufgespalten, dass jeder der Partner eines der beiden Bindungselektronen erhält. Es entstehen Halogen-Atome, die so reaktionsfreudig sind, dass man sie als **Radikale** bezeichnet.
  Reaktionsgleichungen: $Br-Br \xrightarrow{\text{Licht}} 2\ Br\cdot$
- **Kettenreaktion:** Durch Reaktion eines Bromradikals mit Methan entsteht Bromwasserstoff und ein neues Methyl-Radikal. Dieses stabilisiert sich durch Reaktion mit einem weiteren Brom-Molekül. Dabei entsteht Brommethan und ein neues Brom-Radikal. Die Reaktion setzt sich auf diese Weise bis zum Kettenabbruch fort.
  Reaktionsgleichungen: $CH_4 + \cdot Br \longrightarrow \cdot CH_3 + HBr$; $\cdot CH_3 + Br_2 \longrightarrow CH_3Br + \cdot Br$
- **Kettenabbruch:** Durch Zusammenstoß zweier Radikale werden die Radikale aus dem Reaktionsgeschehen entfernt.
  Reaktionsgleichungen: $H_3C\cdot + \cdot CH_3 \longrightarrow CH_3-CH_3$; $H_3C\cdot + \cdot Br \longrightarrow CH_3Br$
- **Nachteile:** Keine Methode zur Herstellung definierter Halogenprodukte; die Reaktion ist nicht steuerbar.

Durch radikalische Substitution können Alkane nur bromiert oder chloriert werden. Die Iodierung verläuft endotherm, die Fluorierung so stark exotherm, dass auch die C–C-Bindung angegriffen wird und es nicht zu den gewünschten Reaktionsprodukten kommt.

Mittlere molare Bindungsenthalpien in $kJ \cdot mol^{-1}$ für					Molare Reaktionsenthalpie in $kJ \cdot mol^{-1}$
	C–H	X–X	C–X	H–X	
F	413	159	489	567	–484
Cl	413	242	339	431	–115
Br	413	193	285	366	–45
I	413	151	218	298	48

10.1.2 Cycloalkane

Cycloalkane sind ringförmig gebaute Kohlenwasserstoffe mit der allgemeinen Summenformel C_nH_{2n}. Der bekannteste Vertreter ist Cyclohexan.

Bau: Das Cyclohexan-Molekül ist durch die tetraedrische Anordnung der von den Kohlenstoff-Atomen ausgehenden Bindungen nicht eben gebaut. Durch die freie Drehbarkeit um die C–C-Bindungen kann Cyclohexan verschiedene **Konformationen** einnehmen.

! Definition: Unter Konformations-Isomerie versteht man unterschiedliche Atompositionen durch Drehung um Einfachbindungen.

Dabei unterscheiden sich die Isomeren durch die unterschiedliche räumliche Anordnung benachbarter H- Atome zueinander. Man unterscheidet zwischen Sessel- und Wannenform:

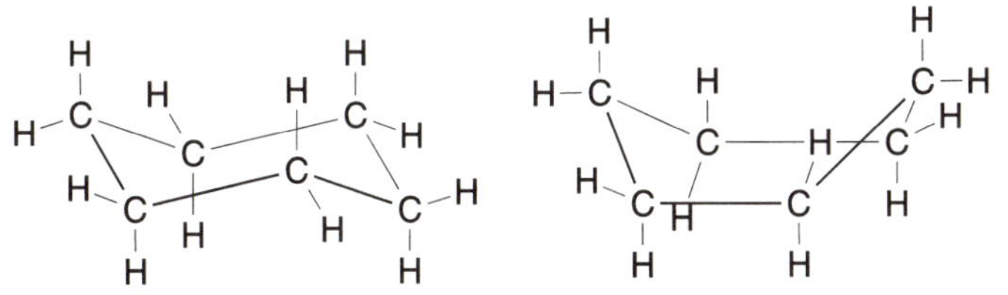

Cycloalkane entsprechen in ihrem physikalischen und chemischen Verhalten dem der Alkane.

10.2 Ungesättigte Kohlenwasserstoffe: Alkene, Alkine

10.2.1 Alkene

Alkene sind Kohlenwasserstoffe mit Doppelbindung. Die allgemeine Formel lautet $\mathbf{C_nH_{2n}}$.

Nomenklatur nach IUPAC

Der Name der Alkene ergibt sich aus dem Namen des entsprechenden Alkyl-Restes und der Endung -en, die Lage der Doppelbindung wird durch möglichst kleine Zahlen gekennzeichnet.

Beispiel:

Pent-2-en 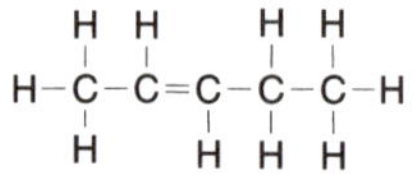

Hybridisierung, Bau und Bindungslänge

Das Kohlenstoff-Atom ist in den Alkenen sp^2-hybridisiert (vergleiche Abbildung auf Seite 21 unten).

Räumliche Anordnung: 120°, trigonal planar, die beiden nicht an der Hybridisierung beteiligten p-Orbitale überlappen ober- und unterhalb der Ebene zur π-Bindung, Bindungslänge 134 pm.

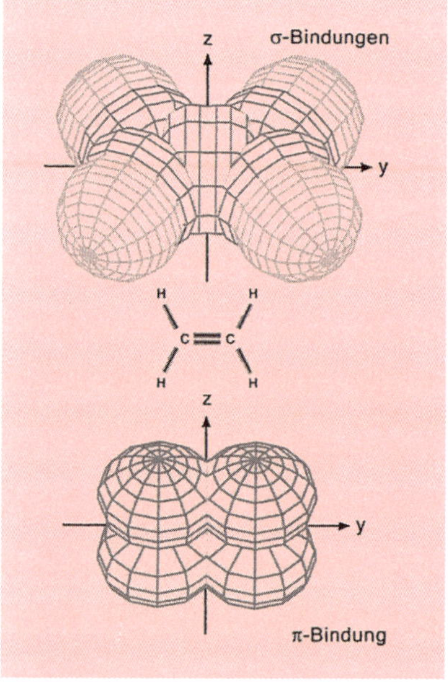

Die Bindung im Ethen-Molekül

Cis-trans-Isomere

Durch die π-Bindung ist die freie Drehbarkeit um die C–C-Bindungsachse aufgehoben. Es existieren cis-trans-Isomere, welche sich durch unterschiedliche Lage der Substituenten an der Doppelbindung unterscheiden.

Beispiele:

cis-1,2 Dichlorethen 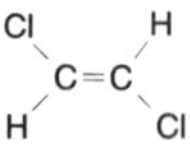

trans- 1,2-Dichlorethen 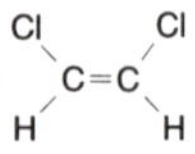

Definition: Unter cis-trans-Isomerie (Geometrische Isomerie) versteht man die unterschiedliche Stellung der Substituenten an Doppelbindungen.

Mehrfach ungesättigte Alkene

Enthält der ungesättigte Kohlenwasserstoff mehrere Doppelbindungen, so wird deren Anzahl durch die Vorsilben di-, tri- tetra- usw. angegeben: Alkadiene, Alkatriene. Bei Alkenen mit mehreren Doppelbindungen unterscheidet man je nach Lage:

- **Kumulierte Doppelbindung:** Die Doppelbindungen befinden sich unmittelbar nebeneinander. 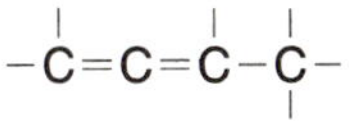
- **Isolierte Doppelbindung:** mindestens zwei Einfachbindungen zwischen zwei Doppelbindungen 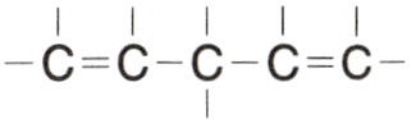
- **Konjugierte Doppelbindung:** alternierende Anordnung von Einfach- und Doppelbindungen 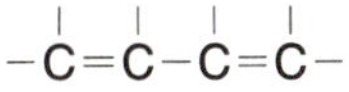

Physikalische Eigenschaften

Alkene entsprechen in ihren physikalischen Eigenschaften denen der Alkane. Die cis- und trans-Isomere unterscheiden sich in ihren Schmelz- und Siedetemperaturen:

- **Schmelztemperatur:** Die trans-Form hat eine höhere Molekülsymmetrie. Ihre Moleküle lassen sich leichter in ein Molekülgitter einbauen, die Schmelztemperatur liegt daher über der der cis-Form.
- **Siedetemperatur:** Bei der cis-Form fallen die Ladungsschwerpunkte nicht aufeinander, es ist ein Dipol. Die Siedetemperatur der cis-Form liegt daher über der der trans-Form.

Chemische Reaktionen der Alkene: elektrophile Addition A_E

Aufgrund der hohen Elektronendichte der Doppelbindung werden Alkene leicht durch **elektrophile** Teilchen (Teilchen mit Elektronenmangel) angegriffen.

Reaktionsmechanismus der A_E am Beispiel der Addition von Chlor an Hexen

Reaktionsgleichung: $C_6H_{12} + Cl_2 \rightarrow C_6H_{12}Cl_2$

Die π-Elektronen der Doppelbindung sind leicht polarisierbar und deshalb das reaktive Zentrum für einen elektrophilen Angriff.

Durch die hohe Elektronendichte der π-Bindung wird am Chlor-Molekül durch Polarisierung der Bindung ein Dipol induziert. Es kommt zur heterolytischen Spaltung des Chlor-Moleküls. Das elektrophile Chlor-Kation wird nun an eines der beiden C-Atome der Doppelbindung addiert: Es entsteht ein Carbenium-Ion, an welches sich das nucleophile Chlorid-Ion von der Rückseite her anlagert.

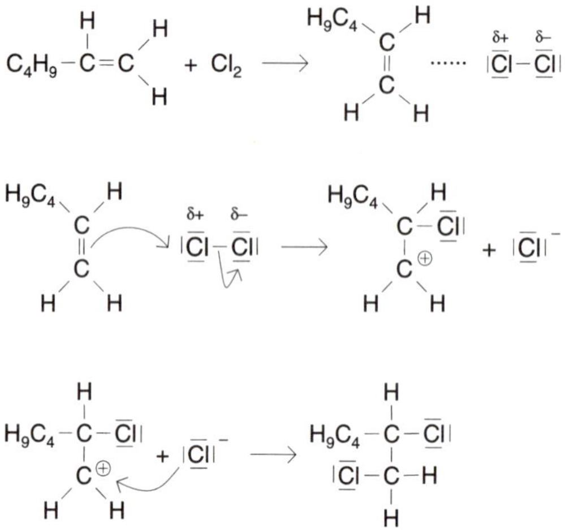

Nachweis des Mechanismus

Die Existenz der bei der elektrophilen Addition gebildeten Zwischenstufe lässt sich indirekt belegen: Führt man die Reaktion in Gegenwart von konkurrierenden Nucleophilen wie z. B. Bromid-Ionen durch, so entsteht neben der Dichlor-Additionsverbindung auch das entsprechende, gemischte Additionsprodukt.

Weiteres Beispiel: Addition von HCl an Ethen

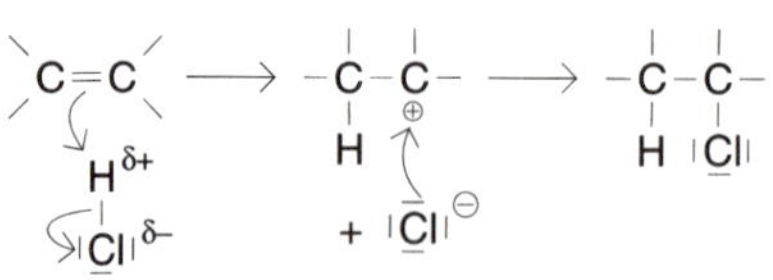

Die Markownikow-Regel

Wird HX (X = Halogen) an ein unsymmetrisches Alken wie z. B. But-1-en addiert, so ergibt sich nur ein einziges Produkt, da der elektrophile Wasserstoff stets am wasserstoffreicheren C-Atom der Doppelbindung angreift.

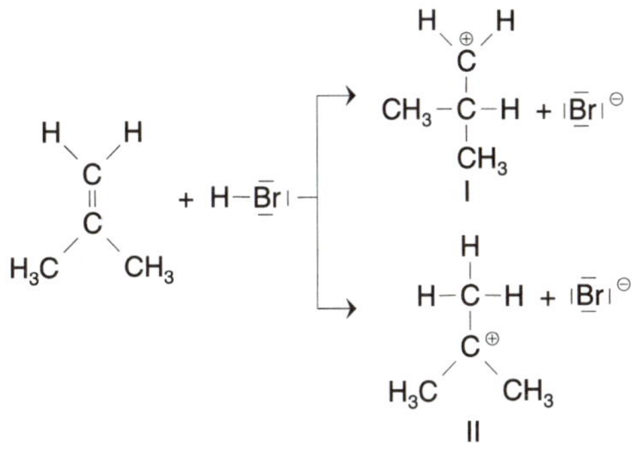

Begründung: Das Carbenium-Ion II ist stabiler als das Carbenium-Ion I, da bei ihm die positive Ladung durch den +I-Effekt der beiden Methyl-Gruppen stärker ausgeglichen wird.
Als reaktive Zwischenstufe entsteht deshalb bevorzugt das Carbenium-Ion II, als Endprodukt wird daher 2-Brom-2-methylpropan gebildet.

Reaktivität verschiedener Alkene

Benachbarte Atome und Atomgruppen beeinflussen die Reaktivität einer funktionellen Gruppe in einem Molekül. Diesen Nachbargruppeneffekt bezeichnet man als **induktiven Effekt.**

! Alkylsubstituenten an der Doppelbindung erhöhen ihre Elektronendichte, man bezeichnet diesen Einfluss als +I-Effekt.
Substituenten mit höherer Elektronegativität als das C-Atom, wie etwa Halogene, bewirken eine Elektronenverschiebung vom C-Atom weg, man bezeichnet ihren Einfluss als –I-Effekt.

Die Elektronendichte der Doppelbindung hat einen entscheidenden Einfluss auf die Induzierung des Dipols am Halogen und damit auf die Reaktionsgeschwindigkeit. Substituenten mit +I-Effekt erhöhen, Substituenten mit –I-Effekt vermindern die Elektronendichte und damit die Reaktivität.

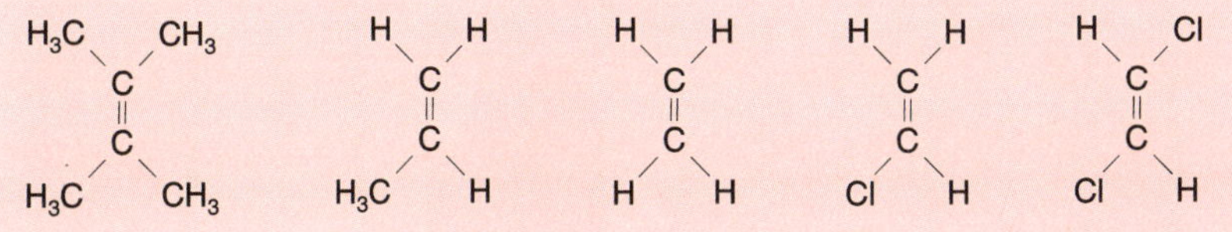

Abnahme der Reaktionsgeschwindigkeit bei der Addition von Brom

10.2.2 Alkine

Alkine sind Kohlenwasserstoffe mit Dreifachbindung. Die allgemeine Formel lautet C_nH_{2n-2}.

Nomenklatur nach IUPAC

Der Name der Alkine ergibt sich aus dem Namen des entsprechenden Alkyl-Restes und der Endung -in. Die Lage der Dreifachbindung wird durch möglichst kleine Zahlen gekennzeichnet. *Beispiel:* Pent-2-in $H_3C-C \equiv CH_2-CH_3$

Hybridisierung, Bau und Bindungslänge

Das C-Atom ist in den Alkinen sp-hybridisiert. **Räumlicher Bau:** linear, 180° (alle C-Atome liegen auf einer Geraden), die beiden nicht hybridisierten p-Orbitale überlappen zu zwei π-Bindungen, welche die C–C-σ-Bindung als zylinderförmige Ladungswolke umgeben. Die Länge der Dreifachbindung beträgt 120 pm.

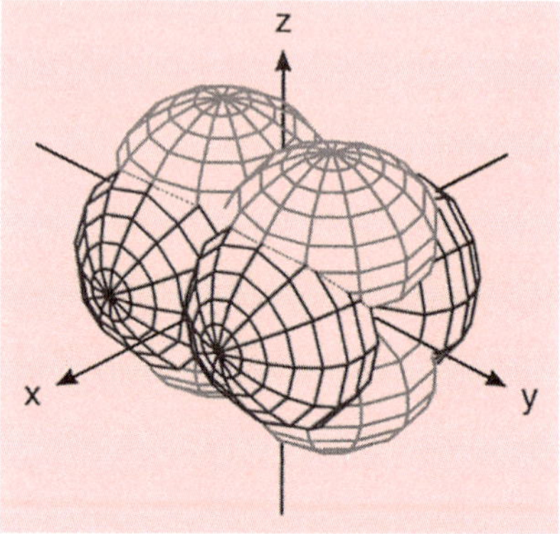

Die π-Bindungen im Ethin-Molekül

Chemische Reaktionen der Alkine: elektrophile Addition

Die A_E verläuft im Vergleich zu Ethen langsamer, da durch die kleine Bindungslänge die π-Elektronen fester an die Atomrümpfe gebunden sind; dadurch wird die Induzierung des Dipols beim Halogen-Molekül erschwert.

Bindungsdaten von Einfach-, Doppel- und Dreifachbindung im Vergleich

	C–C	C=C	C≡C
Bindungslänge [pm]	154	134	120
Bindungsenthalpie [kJ · mol^{-1}]	348	614	837
Hybridisierung	sp^3	sp^2	sp
Anteil der s-Orbitale an der Hybridisierung	25 %	33 %	50 %

Die π-Bindung ist weniger stabil, reaktionsfreudiger und energiereicher als die σ-Bindung. Grund: Der Überlappungsgrad zwischen den p-Orbitalen ist geringer als bei σ-Bindungen. Die Bindungslänge der Mehrfachbindung ist kürzer als die der Einfachbindung, da die Atomrümpfe wegen der hohen Elektronendichte stärker angezogen werden. Außerdem ist bei höherem s-Orbitalanteil der mittlere Abstand der Elektronen vom Atomkern kleiner.

10.3 Aromatische Kohlenwasserstoffe: Benzol

Nach der Hückel-Regel sind Aromaten cyclische Moleküle mit großer Mesomerieenergie, bei denen sämtliche Ringatome zu einem **konjugierten System** gehören, das heißt sie besitzen alternierend angeordnete C=C-Doppelbindungen. Die allgemeine Formel des Benzols lautet C_6H_6, der entsprechende Rest ($-C_6H_5$) wird Phenyl genannt.

Hybridisierung und Mesomerie

Die sechs C-Atome des Benzols sind sp^2-hybridisiert und somit trigonal-planar angeordnet. Die nicht hybridisierten p-Orbitale stehen senkrecht auf der Ebene der σ-Bindungen. Sie überlappen ober- und unterhalb der Ebene zu einem ringförmigen π-Elektronensystem. Somit sind die Elektronen über den ganzen Ring delokalisiert und das Benzol-Molekül ist mesomeriestabilisiert.

Delokalisierte Elektronen werden mithilfe hypothetischer Grenzformeln angegeben, welche durch Mesomeriepfeile verbunden sind, die tatsächliche Elektronenverteilung liegt dazwischen:

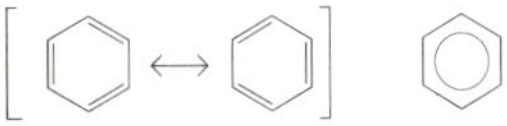

Die **Mesomerieenergie** ist die Energiedifferenz zwischen den Verbindungen mit delokalisierten Elektronen und der hypothetischen Form mit lokalisierten Doppelbindungen. Zur Ermittlung der Mesomerieenergie des Benzols vergleicht man die experimentell ermittelte und mit drei multiplizierte Hydrierungsenthalpie von Cyclohexen mit der Hydrierungsenthalpie von Benzol; die Differenz entspricht der Mesomerieenergie. Die hohe Mesomerieenergie ist die Ursache der großen Stabilität von Benzol.

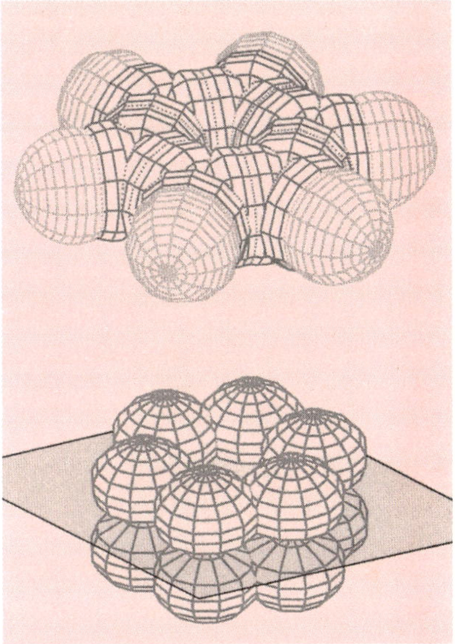

Die Bindungen im Benzol-Molekül

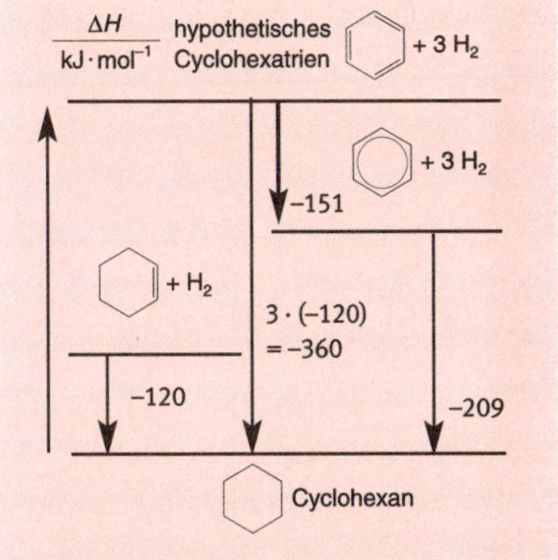

Berechnung der Mesomerieenergie

Physikalische Eigenschaften

Benzol ist eine stark lichtbrechende, farblose Flüssigkeit, die bei 80 °C siedet und bei 5,5 °C zu Kristallen erstarrt. Aufgrund seines unpolaren Charakters ist Benzol in polaren Lösemitteln nicht löslich.

Chemische Reaktionen: elektrophile Substitution S_E

Durch die hohe Elektronendichte reagieren Aromaten wie Alkene mit Elektrophilen. Zur Erhaltung des energetisch begünstigten π-Elektronensystems verläuft die Reaktion jedoch nicht als Addition, sondern in Form einer Substitution. Eine Bromierung von Benzol erfolgt nach Zusatz eines geeigneten Katalysators wie z. B. $FeBr_3$.

Reaktionsmechanismus am Beispiel der Bromierung

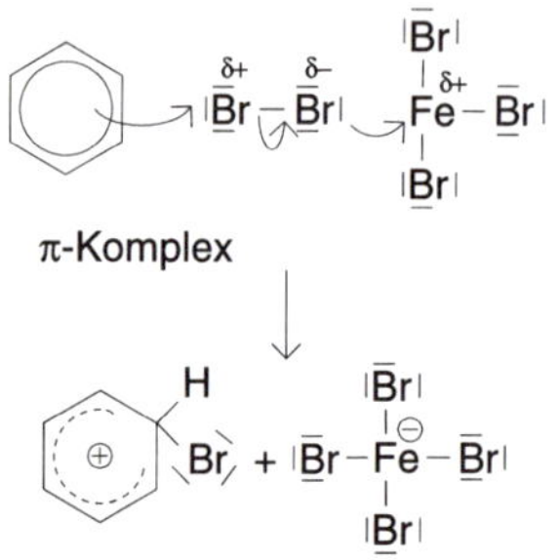

σ-Komplex (Carbenium-Ion)

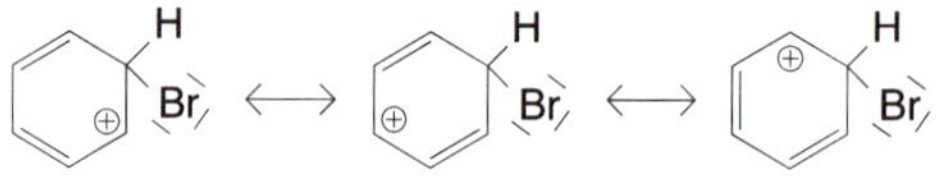

Grenzformeln für den σ-Komplex

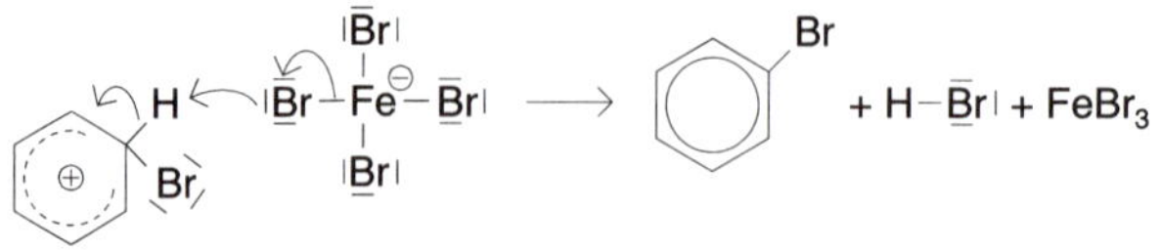

σ-Komplex

Durch die Delokalisation der π-Elektronen reicht die Elektronendichte des Benzol-Moleküls nicht zur Induzierung eines Dipols beim angreifenden Brom-Molekül aus. Durch Wechselwirkung der π-Elektronen des Benzols mit dem Brom-Molekül bildet sich zunächst ein π-Komplex. Die darauf folgende Heterolyse des Brom-Moleküls ist der geschwindigkeitsbestimmende Schritt dieser Reaktion und erfordert eine hohe Aktivierungsenergie. Sie erfolgt erst mithilfe des zugesetzten Katalysators, der stark

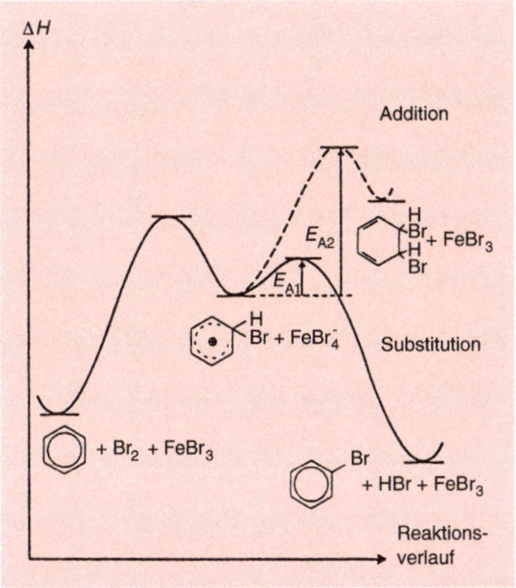

Energiediagramm der Bromierung von Benzol

polarisierend auf die Br–Br-Bindung wirkt.

Das elektrophile Br^+-Ion wird durch Ausbildung einer σ-Bindung an Benzol gebunden (**σ-Komplex, Carbenium-Ion**). Die Stabilisierung des Carbenium-Ions ist durch die Delokalisierung der positiven Ladung über fünf C-Atome innerhalb des Rings gegeben. Zur Wiederherstellung des aromatischen Systems (**Rearomatisierung**) spaltet sich ein Proton ab, welches mit einem $FeBr_4^-$-Ion zu HBr reagiert.

Weitere elektrophile Substitutionsreaktionen

a) Nitrierung: Aus einem Gemisch von konzentrierter Schwefelsäure und rauchender Salpetersäure (Nitriersäure) entsteht ein Nitronium-Ion (NO_2^+), welches mit Benzol zu Nitrobenzol reagiert :

$HNO_3 + H_2SO_4 \rightarrow HSO_4^- + NO_2^+ + H_2O$

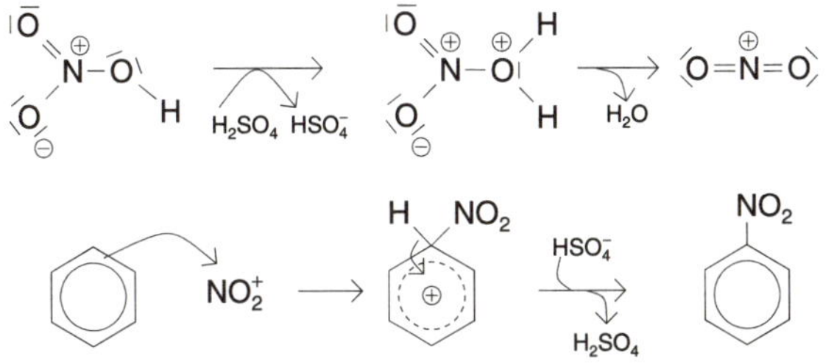

π-Komplex σ-Komplex Nitrobenzol

b) Sulfonierung: Mit rauchender Schwefelsäure entsteht Benzolsulfonsäure. Im Gegensatz zur Bromierung und Nitrierung ist diese Reaktion reversibel.

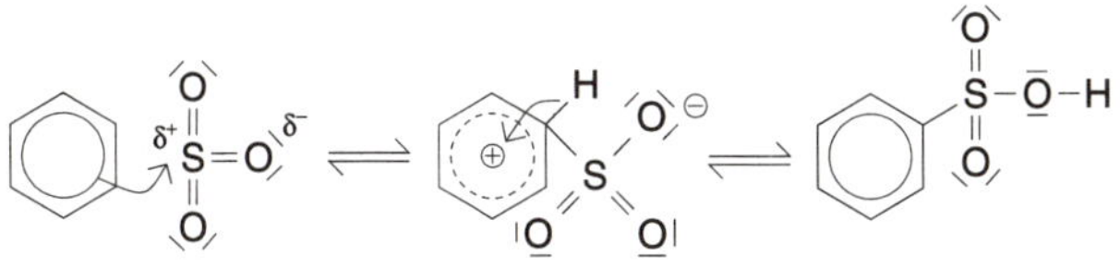

π-Komplex σ-Komplex Benzolsulfonsäure

c) Alkylierung (Friedel-Crafts-Reaktion): Mit Aluminiumchlorid als Katalysator können auch Halogenalkane mit Benzol reagieren. Das durch den Katalysator positivierte C-Atom reagiert mit Benzol unter Bildung eines π-Komplexes; die Stabilisierung erfolgt durch Abspaltung eines Protons. Bei Verwendung von Chlormethan entsteht Toluol (Methylbenzol).

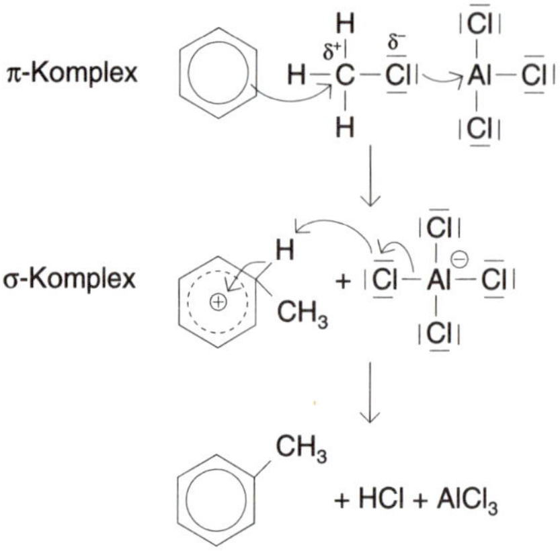

Halogenierung von Alkylbenzolen am Beispiel des Toluols

Je nach Reaktionsbedingungen reagieren bei der Halogenierung der aromatische Kern oder die Seitenkette mit dem angreifenden Halogen.

KKK-Regel: Bei niedriger Temperatur (**K**älte) und in Anwesenheit eines **K**atalysators reagiert der **K**ern durch elektrophile Substitution:

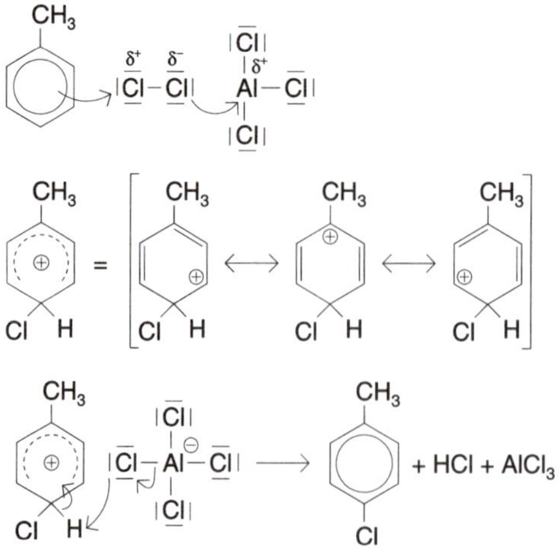

SSS-Regel: Bei erhöhter Temperatur (**S**iedehitze) und gleichzeitiger Bestrahlung mit Licht (**S**onnenlicht) reagiert die **S**eitenkette durch radikalische Substitution:

Kettenreaktion

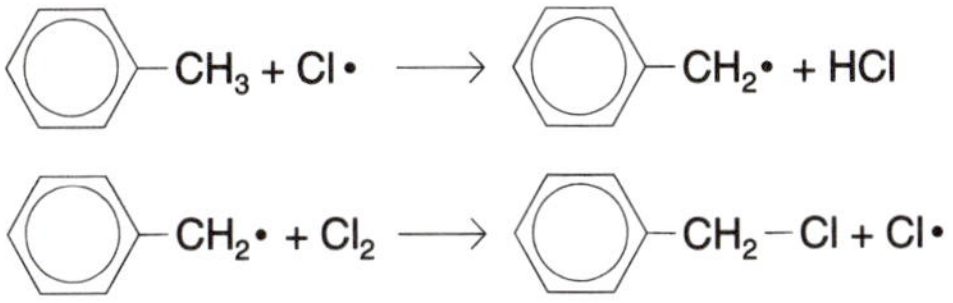

Kettenabbruch

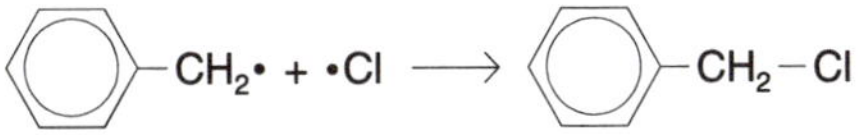

Weitere Derivate des Benzols

Ersetzt man im Benzol ein oder mehrere H-Atome durch Atome oder Atomgruppen, so gelangt man zu den Derivaten des Benzols. Die Benennung erfolgt nach der Stellung der beiden Substituenten zueinander als ortho-, meta- und para-.

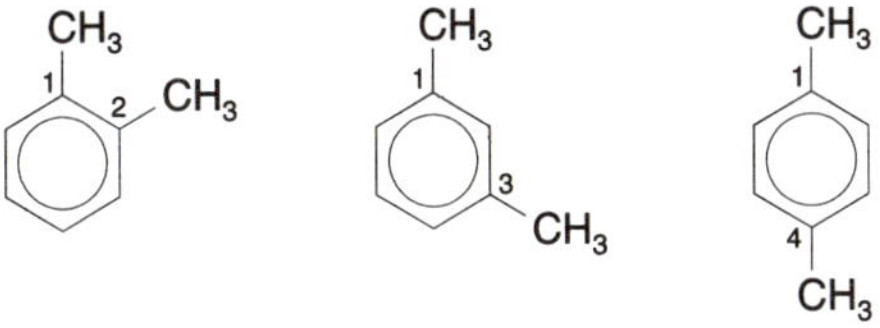

o-Xylol *m*-Xylol *p*-Xylol

ortho: unmittelbar benachbart
meta: durch ein C-Atom getrennt
para: gegenüberstehend

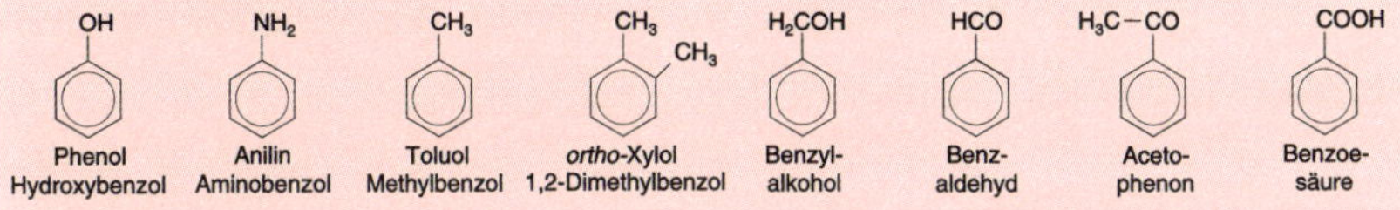

Derivate des Benzols

Zweitsubstitution

Auch Benzol-Derivate können mit Elektrophilen reagieren, wobei der Erstsubstituent die Reaktionsgeschwindigkeit (Reaktivität) und den Ort der Zweitsubstitution beeinflusst.

a) Reaktionsgeschwindigkeit

Substituenten, welche die Elektronendichte im Kern erhöhen, erleichtern den elektrophilen Angriff und damit die Reaktionsgeschwindigkeit. Umgekehrt erschweren Substituenten, welche die Elektronendichte vermindern, den elektrophilen Angriff. Diese Beeinflussung geschieht durch induktive und mesomere Effekte.

Übersicht über mesomere und induktive Effekte

Erstsubstituent	Induktionseffekt Mesomerie-Effekt	Reaktivität im Vergleich zu Benzol	Dirigiert nach
– OH – OR – NH_2	– I < + M	viel größer	ortho und para
– R	+ I	größer	ortho und para
– Cl – Br	– I > + M	geringer	ortho und para
– NO_2 – CHO – SO_3H – COOH – COOR	– I und – M	viel geringer	meta

Mesomerer Effekt: Substituenten, deren freies Elektronenpaar an der Delokalisation des π-Elektronensystems des Rings beteiligt sind, erhöhen die Elektronendichte im Ring und beschleunigen dadurch den elektrophilen Angriff des Zweitsubstituenten: positiver Mesomerieeffekt (+M-Effekt).

Beispiele: $-O^-$, $-NH_2$, $-OH$, $-OCH_3$, $-C_6H_5$

Substituenten mit negativem Mesomerieeffekt (–M-Effekt) erschweren den Angriff des Zweitsubstituenten durch Herabsetzung der Elektronendichte des Rings.

Beispiele: $-CHO$, $-NO_2$, $-SO_3H$

Die Beeinflussung der Reaktivität ist immer dann besonders groß, wenn mesomere und induktive Effekte die gleiche Richtung haben.

b) Dirigierende Wirkung des Erstsubstituenten

1. In **ortho- und para-Stellung** am Beispiel der Bromierung von Phenol:
   Substituenten mit +M-Effekt dirigieren den Zweitsubstituenten in ortho- oder para-Stellung. Hier lassen sich mehr vergleichbare mesomere Grenzformeln aufstellen als bei Substitution in meta-Stellung, das heißt die entsprechenden σ-Komplexe sind wegen umfangreicherer Delokalisation der π-Elektronen stabiler.

Angriff in *ortho*-Stellung

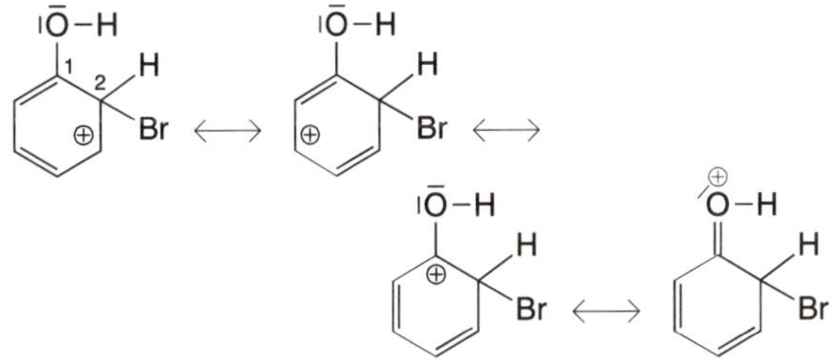

Angriff in *meta*-Stellung

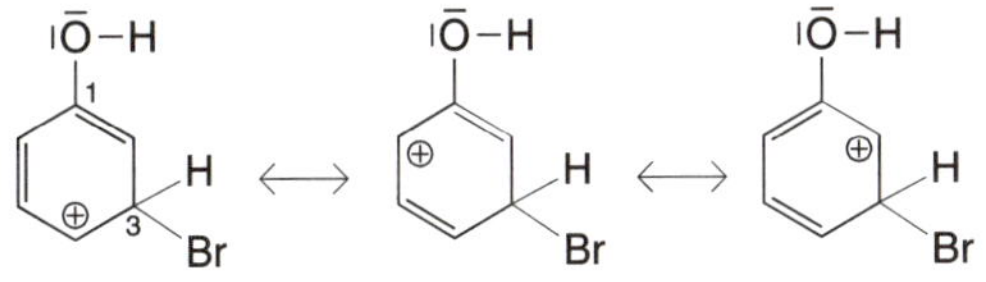

Angriff in *para*-Stellung

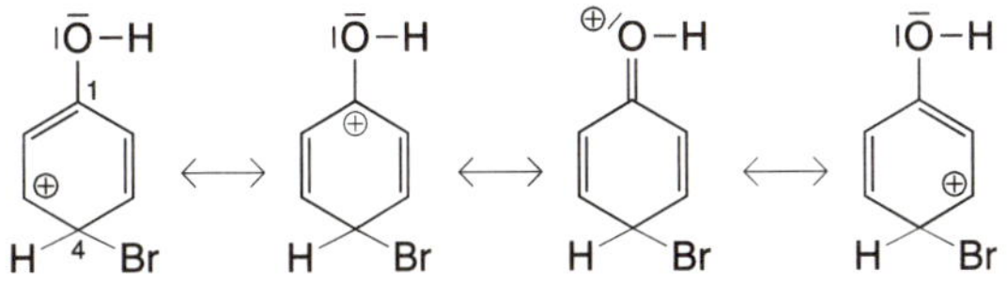

2. In **meta-Stellung** am Beispiel der Nitrierung von Nitrobenzol:
   Erstsubstituenten mit –M-Effekt dirigieren den Zweitsubstituenten in meta-Stellung. Wie aus den mesomeren Grenzformeln ersichtlich, findet man für die Substitution in ortho- oder para-Stellung je eine Grenzformel.
   Hierbei trägt sowohl das N-Atom der Nitrogruppe als auch das unmittelbar benachbarte C-Atom im aromatischen Ring eine positive Formalladung. Eine solche räumliche Nähe gleichartiger Ladungen ist jedoch energetisch ungünstig.

Angriff in *ortho*-Stellung

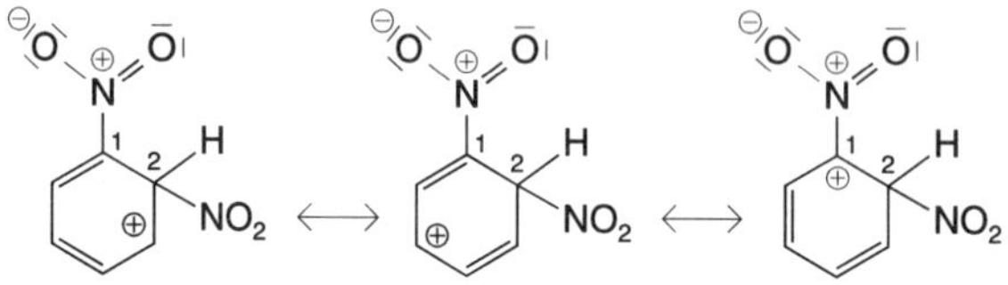

Angriff in *meta*-Stellung

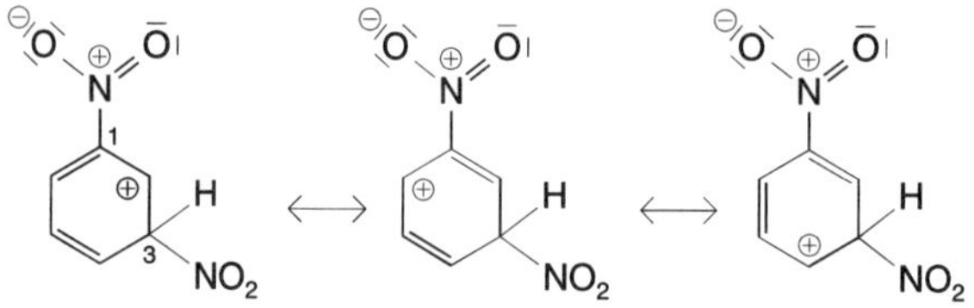

Angriff in *para*-Stellung

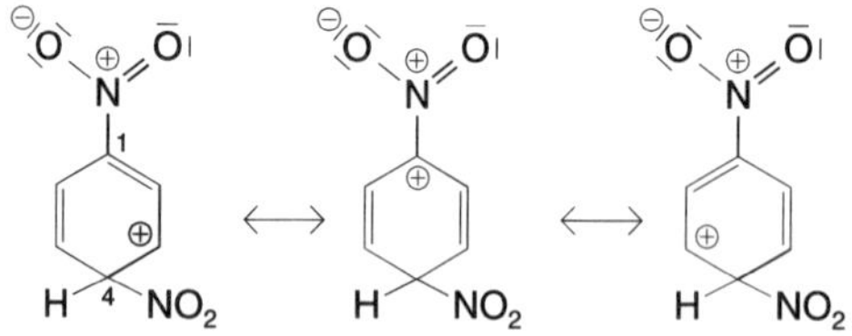

Aromaten mit Heteroatomen

Die Ringsysteme von Heteroaromaten enthalten neben Kohlenstoff-Atomen Stickstoff-, Sauerstoff- und Schwefel-Atome:

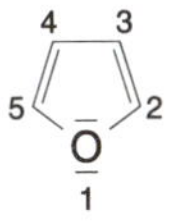

Furan

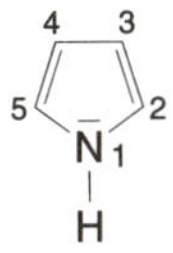

Pyrrol

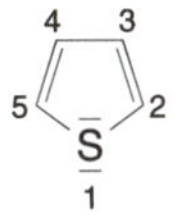

Thiophen

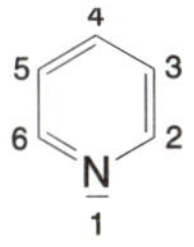

Pyridin

In den Molekülen von Furan, Pyrrol und Thiophen ist ein freies Elektronenpaar des Heteroatoms am delokalisierten π-Elektronensystem beteiligt; auch diese Verbindungen haben somit ein π-Elektronensextett.

Die Heteroatome im Benzol haben eine größere Elektronegativität als das Kohlenstoffatom, sodass die Elektronenverteilung unregelmäßiger als bei Benzol ist.

Die Struktur des Pyridins gleicht der des Benzols. Im Gegensatz zum symmetrischen und unpolaren Benzol sind Pyridin-Moleküle allerdings durch das Stickstoffatom polar.

Überblick über Bau und Reaktionsverhalten der Kohlenwasserstoffverbindungen

	Alkane	Alkene	Alkine	Benzol
Hybridisierung	sp^3	sp^2	sp	sp^2
Anordnung der π-Elektronen	keine	ober- und unterhalb der σ-Bindung	rotationssymmetrisch um die σ-Bindung	ober- und unterhalb der Ringebene als π-Elektronenwolke-
räumliche Anordnung	Tetraeder	trigonal-planar	linear	Ringatome in einer Ebene
funktionelle Gruppe	keine	Doppelbindung	Dreifachbindung	keine
typische Reaktionen	radikalische Substitution	elektrophile Addition	elektrophile Addition	elektrophile Substitution
Reaktionsgleichung	$C_2H_6 + Br_2 \rightarrow C_2H_5Br + HBr$	$C_2H_4 + Br_2 \rightarrow C_2H_4Br_2$	$C_2H_2 + Br_2 \rightarrow C_2H_2Br_2$	$C_6H_6 + Br_2 \rightarrow C_6H_5Br + HBr$
Reaktionsbedingungen	Wärme, Licht, unpolares Lösemittel	Kälte, polares Lösemittel	Kälte, polares Lösemittel	Kälte, Katalysator, polares Lösemittel

11 Sauerstoffhaltige organische Verbindungen

11.1 Alkohole

Alkohol-Moleküle besitzen als funktionelle Gruppe die Hydroxyl-Gruppe (OH-Gruppe). Stellt der Molekülrest eine Alkyl-Gruppe dar, spricht man von einem Alkanol.

Überblick über einige wichtige Alkohole

Name nach IUPAC	Trivialname	Formel	Verwendung bzw. Eigenschaften
Methanol	Methylalkohol, Holzgeist	CH_3OH	Entsteht beim trockenen Erhitzen von Holz, giftig, bereits geringe Mengen führen zu Sehstörungen und Erblindung, etwa 30 g sind tödlich. Verwendung als Lösemittel und zur Herstellung von Formaldehyd, als Treibstoff für Verbrennungsmotoren
Ethanol	Weingeist	C_2H_5OH	Herstellung als Genussmittel durch alkoholische Gärung, großtechnisch durch Hydratisierung von Ethen. Verwendung als Brennspiritus, in Reinigungsmitteln
Propan-2-ol	Isopropylalkohol	C_3H_7OH	Lösemittel in der kosmetischen Industrie, Frostschutzmittel in Scheibenwaschanlagen, Ausgangsstoff zur Herstellung von Aceton, Desinfektionsmittel
Ethan-1,2-diol	Glykol	$C_2H_4(OH)_2$	Frostschutzmittel in Motorkühlern, zur Herstellung von Kunststoffen
Propan-1,2,3-triol	Glycerin	$C_3H_5(OH)_3$	als Zusatz in Salben, Cremes, Zahnpasta; Frostschutzmittel; Verwendung in der Kunststoff- und Sprengstoffindustrie

11.1.1 Nomenklatur und Einteilung

Die Nomenklatur erfolgt durch Anhängung der Endung -ol an den entsprechenden Alkannamen. Die Stellung der OH-Gruppe wird durch die Nummer des betreffenden C-Atoms angegeben. Mehrere OH-Gruppen im Molekül werden durch die Silben di-, tri-, tetra- usw. gekennzeichnet.

Die Einteilung der Alkohole erfolgt nach zwei Kriterien:

a) nach der Stellung der OH-Gruppe

primärer Alkohol

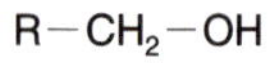

sekundärer Alkohol

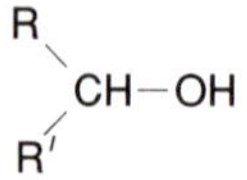

tertiärer Alkohol

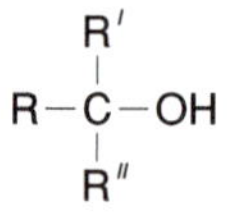

b) nach der Anzahl der OH-Gruppen

einwertiger Alkohol

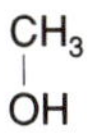

zweiwertiger Alkohol

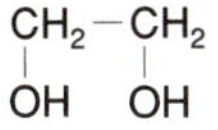

dreiwertiger Alkohol

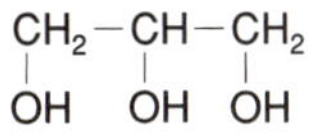

11.1.2 Molekülbau

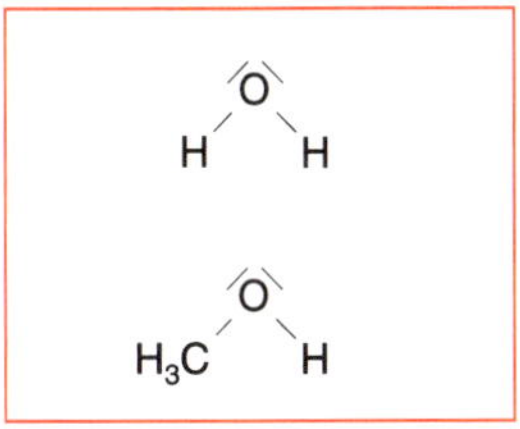

Formal kann man die Alkohole als Derivate des Wassers ansehen, wobei ein H-Atom durch die Hydroxyl-Gruppe ersetzt ist. Auch hier liegt durch die sp^3-Hybridisierung des C-Atoms und die dadurch bedingte tetraedrische Anordnung eine gewinkelte Struktur vor. Wegen der beiden freien Elektronenpaare des Sauerstoffs wird der Tetraederwinkel auf 107° zusammengedrückt.

Zwischen C-, H- und O-Atomen bestehen Elektronegativitätsunterschiede, dadurch besitzen Alkoholmoleküle polare Atombindungen und sind somit permanente Dipole.

11.1.3 Physikalische Eigenschaften

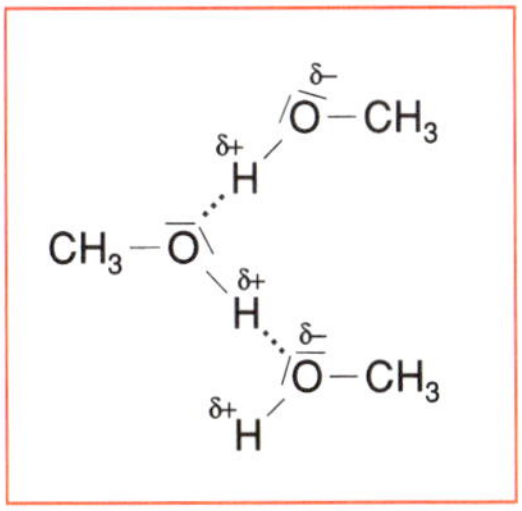

Siedetemperaturen: Alkohole haben viel höhere Siedetemperaturen als Alkane vergleichbarer Masse. Zwischen den Alkohol-Molekülen herrschen im Gegensatz zu den unpolaren Alkanen Dipol-Wechselwirkungen und darüber hinaus noch Wasserstoffbrückenbindungen. Dabei kommt es ähnlich wie beim Wasser zum Zusammenschluss von großen Molekülverbänden. Mit zunehmender Anzahl an C-Atomen steigt die Siedetemperatur der Alkohole, da mit zunehmender Masse auch die **Van-der-Waals-Kräfte** steigen.

Löslichkeit: Kurzkettige Alkohole sind mit Wasser in jedem Verhältnis mischbar, mit steigender Anzahl an C-Atomen überwiegt jedoch der hydrophobe Charakter des unpolaren Kohlenwasserstoffrestes, sodass die Löslichkeit in Wasser abnimmt; Butanol ist nur noch begrenzt mit Wasser mischbar. Langkettige Alkohole ähneln den entsprechenden Alkanen, sie sind in Wasser unlöslich.

11.1.4 Chemische Reaktionen der Alkohole

Aufgrund der Hydroxyl-Gruppe gehen Alkohole und Wasser einige ähnliche chemische Reaktionen ein.

- **Alkanole als Brönsted-Säuren und Brönsted-Basen**

  Alkohole können im Sinne **Brönsteds** – je nach Reaktionspartner – als Säuren oder Basen reagieren. Durch den +I-Effekt des Alkyl-Restes wird die Polarität der Hydroxyl-Gruppe jedoch stark vermindert, sodass Alkohole viel schwächere Säuren als Wasser sind.

  Alkohol als Brönsted-Säure

  Alkohol als Brönsted-Base

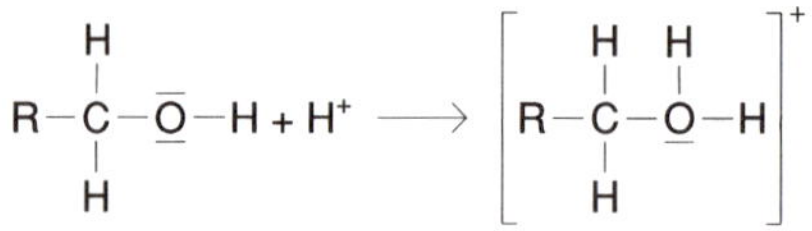

- **Reaktionen mit Alkalimetallen**

  Mit Alkalimetallen reagieren Alkohole wie Wasser unter Freisetzung von Wasserstoff, die Reaktion verläuft jedoch bedeutend weniger heftig. Die entstehenden Alkoholate sind salzartig aufgebaut.

  $2\,ROH + 2\,Na \rightarrow 2\,RO^- + 2\,Na^+ + H_2$

  Das Alkoholat-Ion RO^- ist eine sehr starke Base, die mit Wasser zu Alkohol und OH^- reagiert.

Chemische Reaktionen: nucleophile Substitution S_N

Reaktionsgleichung:

$$R{-}OH + HBr \rightarrow R{-}Br + H_2O$$

Alkohole reagieren mit Halogenwasserstoffsäuren unter Bildung eines Halogenalkans und Wasser. Diese Reaktion nennt man auch Veresterung, das entstandene Reaktionsprodukt (hier das Halogenalkan) Ester. Die Veresterung ist eine typische Gleichgewichtsreaktion:

$$\text{Alkohol} + \text{Säure} \underset{\text{Esterspaltung (Verseifung)}}{\overset{\text{Veresterung}}{\rightleftharpoons}} \text{Ester} + \text{Wasser}$$

Reaktionsmechanismus der nucleophilen Substitution

Die Bindung zwischen Sauerstoff und Kohlenstoff ist aufgrund der Elektronegativitätsdifferenz polar, das Kohlenstoff-Atom ist positiviert. Bei der Substitution wird die Hydroxyl-Gruppe durch ein nucleophiles Halogenatom ersetzt. Dabei hat das angreifende Nucleophil eine polarisierende Wirkung auf die C–O-Bindung. Die Abspaltung der Hydroxyl-Gruppe wird durch eine Protonierung erleichtert. Das angreifende Nucleophil bildet eine Bindung zum positivierten C-Atom, gleichzeitig löst sich die C–OH bzw. C–H_2O^+-Bindung.

Da das angreifende Teilchen zur Ausbildung der neuen Bindung ein freies Elektronenpaar zur Verfügung stellt, bezeichnet man diesen Reaktionstyp als nucleophile Substitution.

Reaktionsbedingung: Säureüberschuss

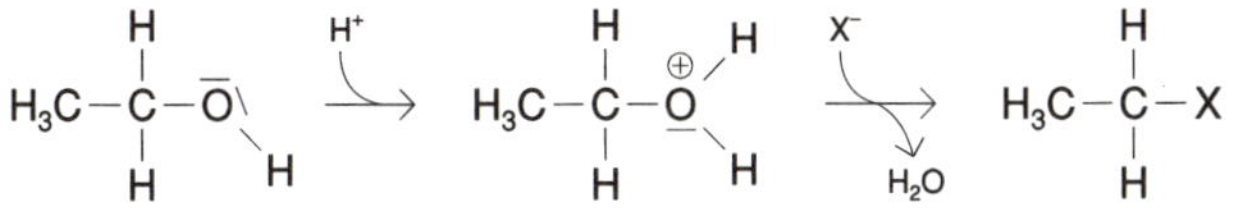

! **Nucleophile:** **negativ geladene Ionen oder polare bzw. polarisierte Teilchen, die mit einem freien Elektronenpaar positivierte C-Atome angreifen**

Die nucleophile Substitution ist umkehrbar; so reagieren Halogenalkane mit Hydroxiden zu Alkoholen und Halogeniden:

$$CH_3CH_2Br + OH^- \rightarrow CH_3CH_2OH + Br^-$$

Reaktionsgeschwindigkeit der nucleophilen Substitution

Die Art des angreifenden Nucleophils und des Abgangsteilchens sowie die Struktur des angegriffenen Moleküls haben einen entscheidenden Einfluss auf die Geschwindigkeit der Reaktion.

- **Einfluss des angreifenden Nucleophils:** Ein Nucleophil ist um so stärker, je leichter es sein freies Elektronenpaar für die Bildung der neuen Bindung zur Verfügung stellt. Die Nucleophilie hängt zum einen von der Elektronendichte am betreffenden Atom, zum anderen von der Polarisierbarkeit ab. Ein Elektronenpaar lässt sich um so leichter zur Bindung zur Verfügung stellen, je weiter es vom Kern entfernt ist, da es dann weniger stark angezogen wird. Die Nucleophilie wird aber auch durch das Lösemittel beeinflusst. Anionen werden von polaren Lösemitteln mit Wasserstoffbrücken solvatisiert, die das nucleophile Zentrum blockieren können. Mit zuneh-

mendem Ionenradius sinkt die Anziehungskraft zwischen Lösemittel und Anion, sodass die nucleophile Kraft stärker wirksam ist.
Die Nucleophilie zeigt folgende Reihenfolge:
$HS^- > I^- > OH^- > NH_3 > Br^- > Cl^- > F^- > H_2O$

- **Einfluss des austretenden Teilchens:** Eine Abgangsgruppe löst sich um so leichter, je geringer die Bindungsstärke zum C-Atom und um so größer die Polarisierbarkeit ist. Für die Abspaltung ergibt sich folgende Reihenfolge:
  $I^- > Br^- > Cl^- > F^- \gg OH^-$
- Einfluss der Struktur des angegriffenen Teilchens: Je mehr Alkyl-Gruppen vorhanden sind bzw. je größer diese sind, desto stärker ist die sterische Behinderung für das angreifende Nucleophil.

Konkurrenzreaktionen der nucleophilen Substitution

Je nach Reaktionsbedingungen erhält man bei der Reaktion von Alkoholen mit anorganischen Säuren Ester, Alkene oder Ether.

- **Darstellung von Alkenen: Eliminierung**
  Reaktionsbedingungen: hohe Temperaturen, niedrige Alkoholkonzentration. In Gegenwart einer starken Säure kommt es nach Protonierung der Hydroxyl-Gruppe (= Bildung eines Alkyloxonium-Ions) zur Eliminierung von Wasser und Abspaltung eines Protons vom benachbarten Kohlenstoff-Atom. Es bildet sich eine Doppelbindung aus. Die Säure wirkt hier als Katalysator. Die Eliminierung gelingt besonders gut bei tertiären Alkoholen.

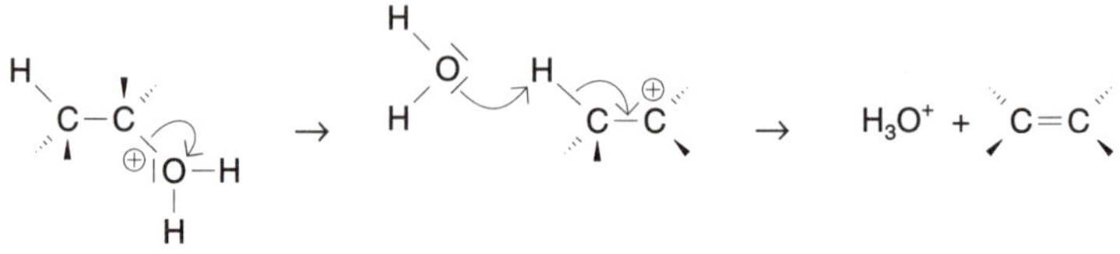

Oxonium-Ion Carbenium-Ion Alken

- **Darstellung von Ethern: nucleophile Substitution**
  Reaktionsbedingungen: tiefe Reaktionstemperaturen und hohe Alkoholkonzentrationen. Ein Sauerstoff-Atom des einen Alkohol-Moleküls greift mit seinem freien Elektronenpaar nucleophil am positivierten Kohlenstoff eines zuvor gebildeten Alkyloxonium-Ions an. Der Ether stabilisiert sich durch Abspaltung von Wasser und von einem Proton.

Ether sind Verbindungen, in denen zwei organische Reste über eine Sauerstoffbrücke verbunden sind.

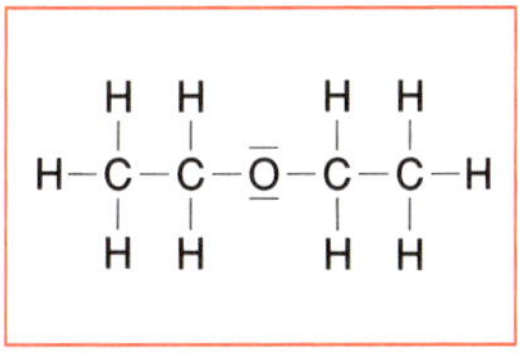

Die funktionelle Gruppe der Ether ist die **Alkoxy-Gruppe**. Die Benennung erfolgt durch Angabe der beiden Alkyl-Gruppen unter Hinzufügung des Wortes -ether, z. B. Diethylether, oder durch die Angabe Alk-oxy-alkan, z. B. Ethoxyethan.

Die Ether haben niedrigere Siedetemperaturen als die Alkohole, da sie zwar Dipole sind, aber keine Wasserstoffbrückenbindung eingehen können. Sie sind brennbar und bilden mit Luft explosive Gemische.

Alkanole und Ether sind Funktionsisomere.

! Funktionsisomerie: **unterschiedliche funktionelle Gruppen bei gleicher Summenformel**

Beispiel: Butanol und Ethoxyethan

$H_3H-CH_2-CH_2-CH_2-OH$ $\quad$ $H_3C-CH_2-O-CH_2-CH_3$

11.1.5 Phenol

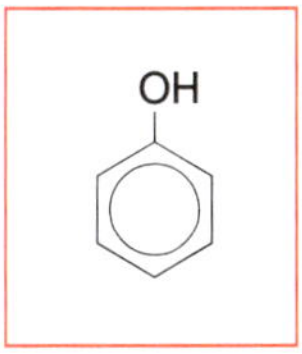

Verbindungen, bei denen eine oder mehrere OH-Gruppen unmittelbar an einen Benzolring gebunden sind, werden als Phenole bezeichnet. Die einfachste Verbindung dieser Stoffklasse ist Monohydroxybenzol, das Phenol selbst.

Phenol bildet farblose Nadeln, ist giftig und wirkt stark ätzend. Es wurde früher unter dem Trivialnamen Carbolsäure zur Desinfektion benutzt. Das Phenol besitzt zwar wie die einwertigen Alkohole eine Hydroxyl-Gruppe, es löst sich im Vergleich zu Cyclohexanol aber besser in Wasser, ist leicht oxidierbar und reagiert in wässriger Lösung schwach sauer. Die OH-Gruppe des Phenols lässt sich nicht nucleophil substituieren.

Acidität von Phenol

Phenol reagiert im Vergleich zu den kettenförmigen Alkoholen deutlich saurer, sein pK_S-Wert beträgt 10. Dies hat zwei Gründe:

- Im Phenol-Molekül tritt ein freies Elektronenpaar der OH-Gruppe in Wechselwirkung mit den delokalisierten π-Elektronen des aromatischen Kerns. Dadurch wird die Elektronendichte im Kern erhöht, die OH-Gruppe besitzt einen +M-Effekt. Durch diesen +M-Effekt wird die Polarität der O–H-Bindung verstärkt und die Abgabe des positivierten Wasserstoff-Atoms der Hydroxyl-Gruppe als Proton erleichtert.

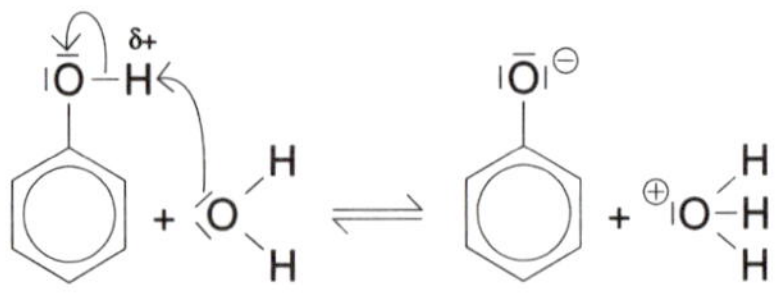

- Das nach Protolyse entstandene Phenolat-Anion ist stark mesomeriestabilisiert, da die negative Ladung über das gesamte Ion verteilt ist.

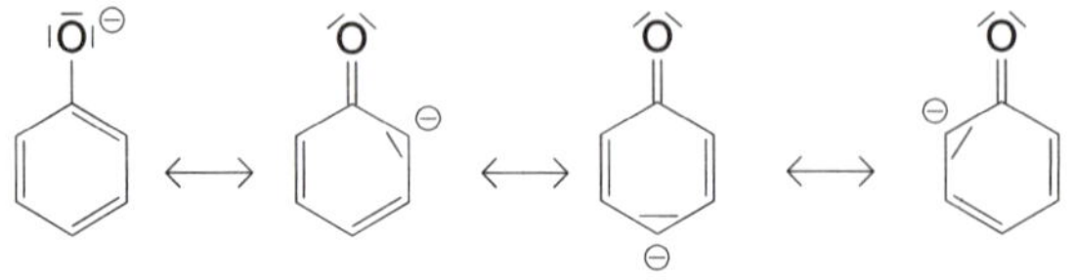

Einfluss von Zweitsubstituenten auf die Säurestärke von Phenol

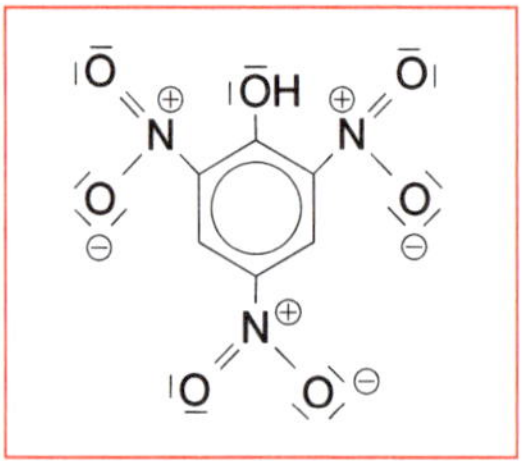

Substituenten mit –M-Effekt vermindern die Elektronendichte des Kerns, erhöhen so die Polarität der O–H-Bindung und damit die Säurestärke. So ist 2,4,6-Trinitrophenol (Abbildung links) viel stärker sauer als Phenol.

11.1.6 Oxidation von Alkoholen

Primäre und sekundäre Alkohole lassen sich mit milden Oxidationsmitteln zu Aldehyden bzw. Ketonen (Verbindungen mit Carbonyl-Gruppe, siehe folgendes Kapitel) oxidieren. Tertiäre Alkohole reagieren unter diesen Bedingungen nicht. Aldehyde wiederum lassen sich zu Alkansäuren oxidieren, Ketone jedoch nicht. Diese Tatsachen wendet man zur Unterscheidung der Alkoholklassen an.
Als Oxidationsmittel können z. B. Kaliumdichromat, Kupferoxid oder Kaliumpermanganat dienen.

Bestimmung der Oxidationszahlen in organischen Verbindungen

Die Elektronen einer polaren Atombindung werden formal dem elektronegativeren Element zugeordnet. Bei einer unpolaren Atombindung wie die zwischen zwei C-Atomen werden die Bindungselektronen den beiden Atomen je zur Hälfte zugeordnet.

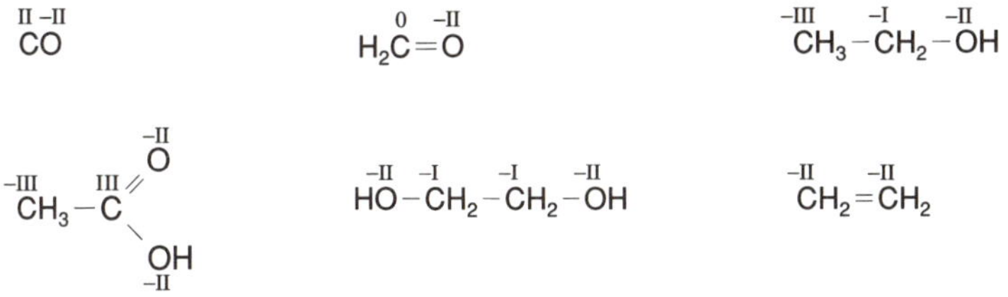

Oxidation eines primären Alkohols am Beispiel des Ethanols:

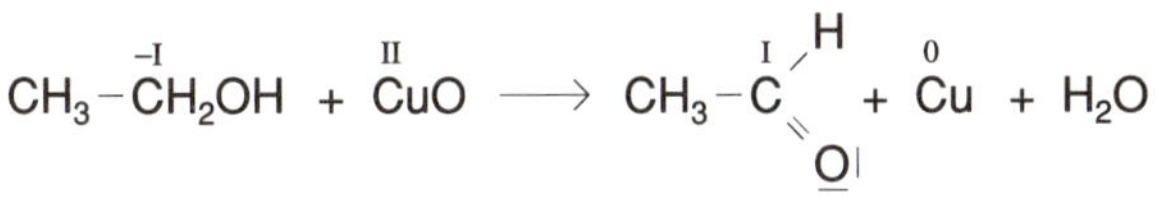

Oxidation eines sekundären Alkohols am Beispiel von Propan-2-ol:

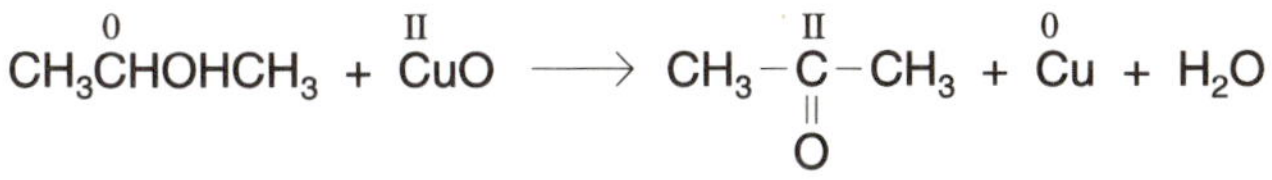

11.2 Verbindungen mit der Carbonyl-Gruppe: Alkanale, Alkanone

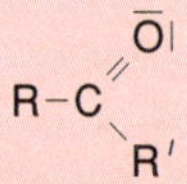

Alkanon

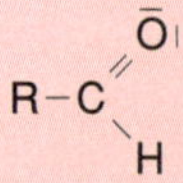

Alkanal

Durch Oxidation primärer oder sekundärer Alkohole erhält man Verbindungen mit einer C=O-Doppelbindung. Diese funktionelle Gruppe wird Carbonyl-Gruppe genannt. Verbindungen mit endständiger Carbonyl-Gruppe werden **Alkanale** (Aldehyde) genannt; befindet sich der doppelt gebundene Sauerstoff an einem sekundären Kohlenstoff-Atom, handelt es sich um **Alkanone** (Ketone).

Wichtige Alkanalo und Alkanone

Name nach IUPAC	Trivialname	Formel	Eigenschaften/Verwendung
Methanal	Formaldehyd	CH_2O	stechend riechendes Gas, die wässrige Lösung wird Formalin genannt Verwendung: in der Kunststoffindustrie, als Konservierungsmittel in Kosmetika; Desinfektionsmittel
Ethanal	Acetaldehyd	CH_3CHO	farblose Flüssigkeit mit niedriger Siedetemperatur und scharfem Geruch Verwendung: Oxidation zu Essigsäure, Grundstoff in Medikamenten und Farbstoffen
Benzaldehyd	–	$C_6H_5{-}CHO$	farblose, ölige Flüssigkeit, die nach bitteren Mandeln riecht, ungiftig Verwendung: Duftträger für Backwaren »Marzipan«
Propanon	Aceton	CH_3COCH_3	klare, farblose Flüssigkeit, aromatisch riechend, feuergefährlich Verwendung: wichtiges technisches Lösemittel

11.2.1 Nomenklatur

Die Namen der Aldehyde werden gebildet, indem man die Endung -al an den Alkannamen hängt. Die Namen von Ketonen werden gebildet, indem man die Endung -on dem Stammnamen des Alkans anfügt. Die Stellung der Ketogruppe wird durch vorangestellte Ziffern angegeben.

11.2.2 Bindungsverhältnisse in der Carbonylgruppe

Die Bindungslänge der C=O-Doppelbindung ist mit 122 pm um 19 pm kleiner als die der C–O-Einfachbindung.

Sowohl das Kohlenstoff-Atom als auch das Sauerstoff-Atom liegen nach dem Orbitalmodell sp_2-hybridisiert vor. Dabei überlappen je ein sp_2-Hybridorbital des C- und O-Atoms zu einer σ-Bindung. Die beiden nicht an der Hybridisierung beteiligten p_z-Orbitale überlappen zur π-Bindung. Die beiden weiteren sp_2-Orbitale des Kohlenstoffs bilden σ-Bindungen zu zwei Nachbaratomen aus; die beiden restlichen sp_2-Orbitale des Sauerstoffs bilden die beiden freien Elektronenpaare.

Die C=O-Doppelbindung ist polar, die leicht beweglichen π-Elektronen sind in Richtung des stärker elektronegativen Sauerstoffs verschoben, an welchem dadurch eine negative Partialladung auftritt. Das Kohlenstoff-Atom der Carbonyl-Gruppe trägt eine positive Partialladung.

11.2.3 Physikalische Eigenschaften

Siedetemperatur: Wegen der polaren Carbonyl-Gruppe sind sowohl Alkanale als auch Alkanone Dipole, sodass ihre Siedetemperaturen deutlich über denen von Alkanen entsprechender Masse liegen. Wegen des Fehlens von Wasserstoffbrücken sieden sie niedriger als die entsprechenden Alkohole.
So liegt die Siedetemperatur von Ethanol bei 78 °C, die von Ethanal bei 20 °C.

Löslichkeit: Kurzkettige Alkanale und Alkanone sind aufgrund ihres Dipolcharakters in polaren Lösemitteln wie z. B. Wasser löslich. Aufgrund der freien Elektronenpaare am Sauerstoff-Atom der Carbonyl-Gruppe sind Wasserstoffbrückenbindungen zu Wasser-Molekülen möglich, sodass die ersten beiden Glieder der homologen Reihen der Alkanale und Alkanone wasserlöslich sind. Mit zunehmender Kettenlänge überwiegt jedoch der hydrophobe Charakter des Kohlenwasserstoffrestes. Langkettige Alkanale und Alkanone sind unlöslich in polaren Lösemitteln.

11.2.4 Chemische Reaktionen der Carbonylgruppe: nucleophile Addition

Die Polarität einer C = O-Doppelbindung ist größer als die einer C – O-Einfachbindung, da die π-Elektronen wegen ihres größeren Abstandes zum Atomrumpf leichter unter dem Einfluss der unterschiedlichen Elektronegativität verschiebbar sind als π-Elektronen.

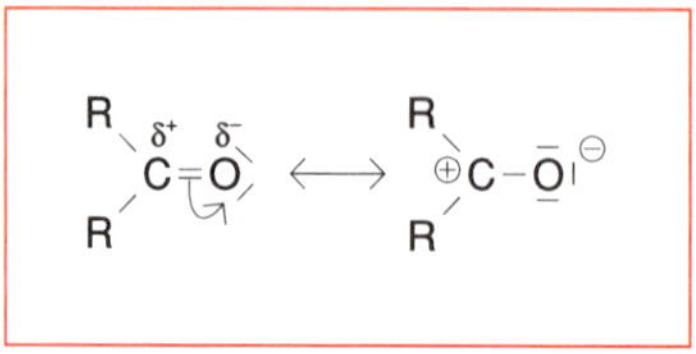

Als Folge zieht das elektronegativere Sauerstoff-Atom die bindenden Elektronen und besonders die π-Elektronen stärker an. Am Sauerstoff-Atom tritt eine negative, am Kohlenstoff-Atom eine positive Partialladung auf.

Bindungsdaten im Vergleich

	C=O	C–O
Bindungslänge	122 pm	143 pm
Bindungsenergie	745 kJ · mol^{-1}	358 kJ · mol^{-1}
Polarität	stärker	weniger stark

Die Carbonyl-Gruppe wird am positivierten Kohlenstoff-Atom nucleophil angegriffen, sie reagiert als Verbindung mit Doppelbindung durch Addition. Als Nucleophile können Anionen und polare Moleküle mit freien Elektronenpaaren wirken. Nach Anlagerung des Nucleophils stabilisiert sich das entstandene Zwitterion durch intramolekulare Protonenwanderung.

Allgemeine Reaktionsgleichung:

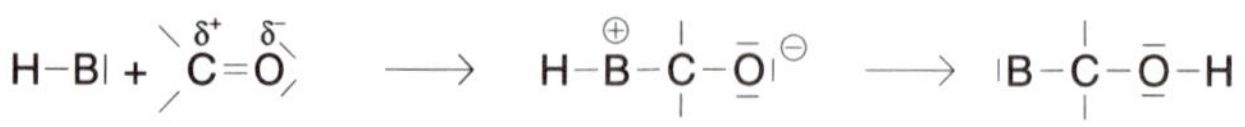

Reaktionsmechanismus am Beispiel der Addition von Alkohol an Methanal

In Gegenwart einer Säure als Katalysator wird die Reaktivität der Carbonyl-Gruppe durch Protonierung erhöht, da das entstehende Carbenium-Ion noch leichter nucleophil angegriffen werden kann.

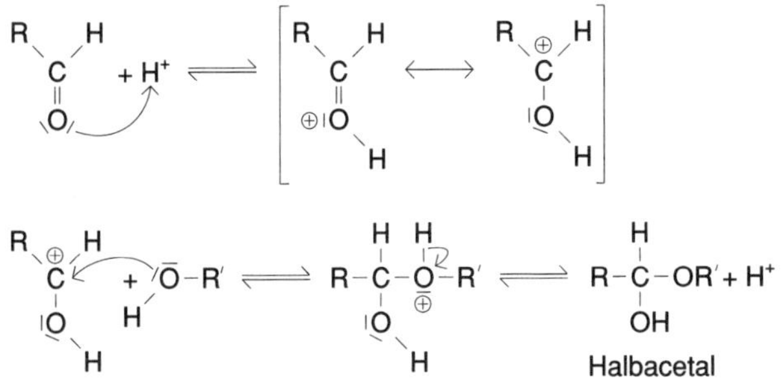

In einem zweiten Reaktionsschritt kann die OH-Gruppe des Halbacetals protoniert werden, die anschließende Wasserabspaltung führt zum Acetal.

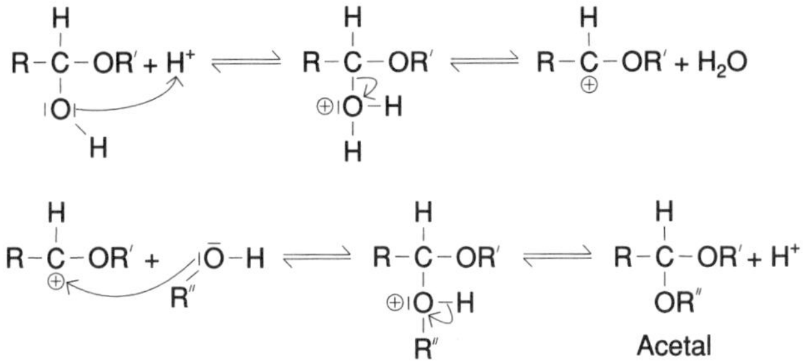

Analog führt die Alkoholanlagerung an ein Keton zum Halbketal bzw. zum Ketal. Ketone reagieren langsamer als Aldehyde mit gleicher Anzahl an C-Atomen, da hier von beiden Seiten der +I-Effekt der Alkylgruppen die Elektronen in Richtung des positivierten Kohlenstoffatoms schiebt, sodass die Positivierung abgeschwächt wird.

11.2.5 Oxidation und Reduktion von Carbonylverbindungen

Alkanale lassen sich mit milden Oxidationsmitteln wie z. B. **Fehling-Lösung** zu Carbonsäuren oxidieren. Ketone dagegen lassen sich durch milde Oxidationsmittel nicht oxidieren, mit starken nur unter Spaltung von Bindungen. Diese Tatsache nutzt man zur experimentellen Unterscheidung von Alkanalen und Alkanonen.

Fehling-Lösung ist ein alkalisches Reagenz, welches Cu^{2+}-Ionen enthält. Das **Fehling-Reagenz** dient als Nachweis für Aldehyde, es ist allerdings nicht spezifisch. In Anwesenheit eines Aldehyds entsteht ein roter Niederschlag von Cu_2O.

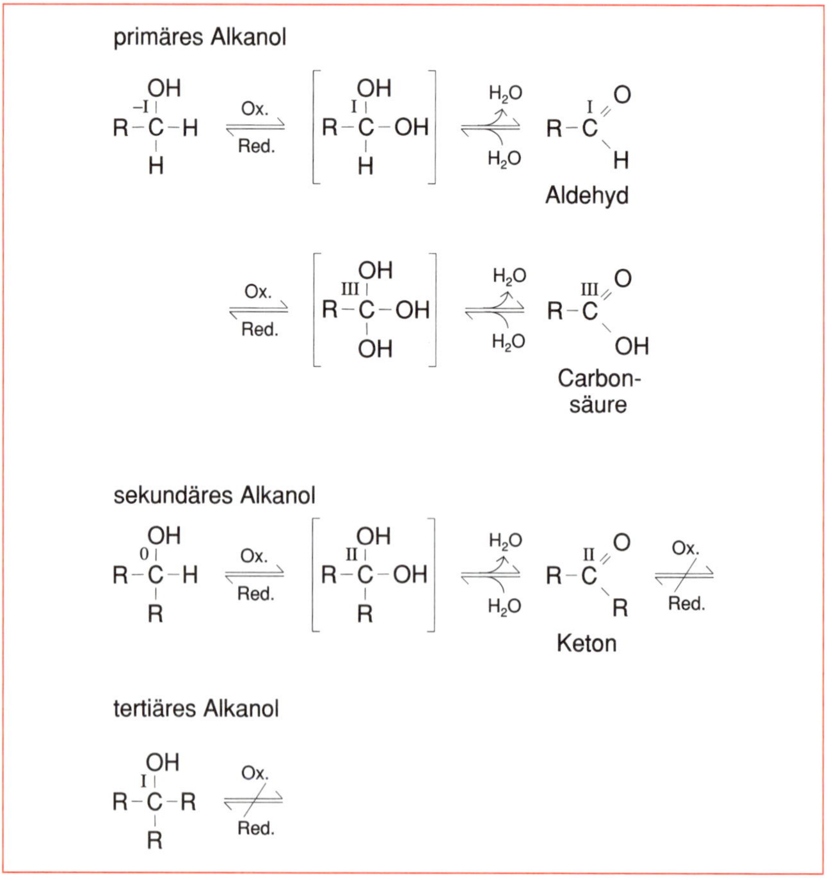

11.2.6 Isomerie bei Stoffen mit Carbonyl-Gruppe

Stellungsisomerie

Definition: Unterschiedliche Verknüpfungsstellen bei gleichen funktionellen Gruppen

Beispiel:

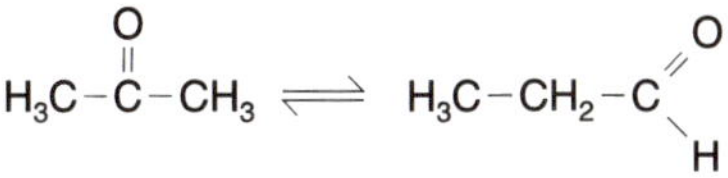

Protonen-Isomerie, Keto-Enol-Tautomerie

Definition: Unterschiedliche Position eines Protons im Molekül. Carbonylverbindungen mit H-Atomen in α-Stellung können dieses H-Atom vom α-C- zum O-Atom der Carbonyl-Gruppe schieben.

Beispiel:

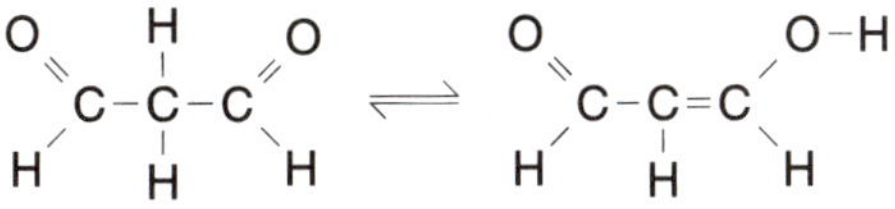

Keto-Form Propandial *Enol-Form*

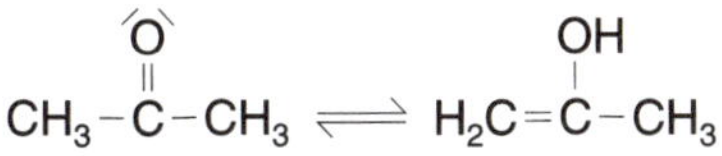

11.3 Verbindungen mit der Carboxyl-Gruppe: Carbonsäuren

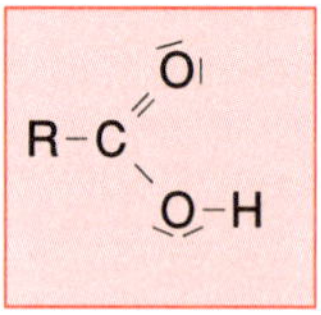

Die funktionelle Gruppe der Carbonsäuren ist die Carboxyl-Gruppe, die sich formal aus einer Carbonyl- und einer Hydroxyl-Gruppe zusammensetzt.

Übersicht über wichtige Carbonsäuren

Name nach IUPAC	Trivialname	Formel	Bedeutung
Methansäure	Ameisensäure	HCOOH	zur Konservierung, Desinfektion
Ethansäure	Essigsäure	CH_3COOH	als Essig, zur Herstellung von Kunstseide, Heilmitteln
Propansäure	Propionsäure	C_2H_5COOH	Herstellung von Lösemitteln, Aromen, Kunststoffen
Butansäure	Buttersäure	C_3H_7COOH	entsteht beim Ranzigwerden von Fett
Benzoesäure	–	C_6H_5COOH	Konservierungsstoff
Hexadecansäure	Palmitinsäure	$C_{15}H_{31}COOH$	als Fettsäure in Fetten
Octadecansäure	Stearinsäure	$C_{17}H_{35}COOH$	als Fettsäure in Fetten
Aminoethansäure	Glycin	CH_2NH_2COOH	Baustein der Proteine
Aminopropan-säure	Alanin	$CH_3CH_2NH_2COOH$	Baustein der Proteine
2-Hydroxypropan-säure	Milchsäure	$CH_3CHOHCOOH$	Herstellung von Jogurt, Sauerkraut, Käse, Silofutter
Ethandisäure	Oxalsäure	HOOC–COOH	in Sauerklee und Rhabarber, zum Entfernen von Tinten- und Rostflecken, als Metallputzmittel
Propandisäure	Malonsäure	$HOOC-CH_2-COOH$	Herstellung von Barbituraten

11.3.1 Nomenklatur

An den Stammnamen des Alkans wird das Wort Säure angefügt.

11.3.2 Hybridisierungzustand und Bindung

Das C-Atom der Carboxylgruppe ist sp^2-hybridisiert, die drei σ-Bindungen liegen in einer Ebene, der Winkel zwischen den Bindungen beträgt 180°. Eines der beiden Sauerstoffatome ist durch eine zusätzliche π-Bindung doppelt gebunden. Die Bindungslänge der C–O-Einfachbindung beträgt 143 pm, die der C=O-Doppelbindung 122 pm. Aufgrund der Elektronegativitätsdifferenz zwischen Kohlenstoff und Sauerstoff ist die Carboxyl-Gruppe stark polar.

11.3.3 Physikalische Eigenschaften

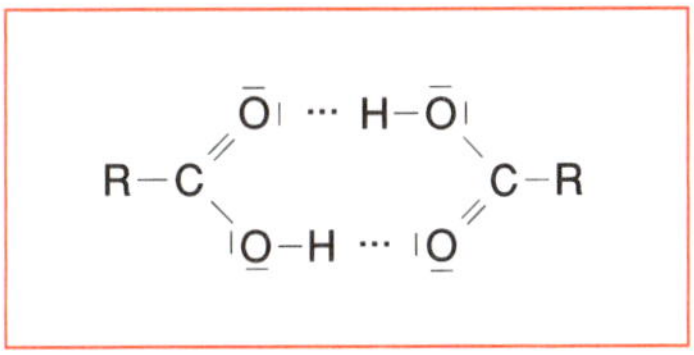

Siedetemperaturen: Carbonsäuren können durch Dimerisation untereinander zwei Wasserstoffbrücken ausbilden, sodass ihre Siedetemperaturen noch höher liegen als die von Alkoholen vergleichbarer Masse. Sie sind etwa doppelt so hoch wie bei Alkanen vergleichbarer Masse.

Löslichkeit: Wie bei den Alkoholen nimmt mit zunehmender Kettenlänge die Wasserlöslichkeit ab, nur die ersten vier Glieder der homologen Reihe sind unbegrenzt mit Wasser mischbar.

Die Acidität: Wässrige Lösungen der Carbonsäuren reagieren sauer, als korrespondierende Basen entstehen Carboxylat-Anionen.

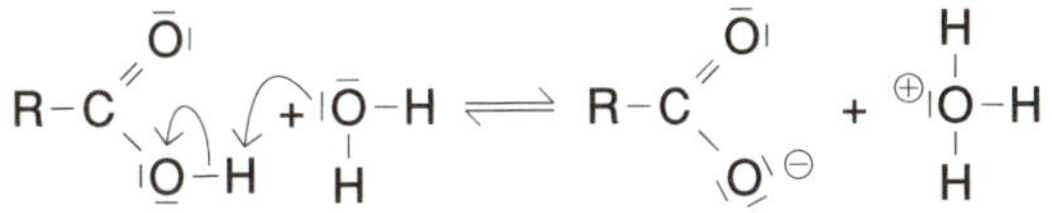

Durch den –I-Effekt des Carbonyl-Sauerstoffs wird die Polarität der Bindung zwischen O- und H-Atom noch verstärkt, sodass Carbonsäuren viel stärker sauer sind als die Alkohole. Hinzu kommt, dass das entstandene Carboxylat-Ion durch Elektronendelokalisation sehr stabil ist.

11.3.4 Mesomerie des Carboxylat-Anions

Die Bindungslänge der beiden C–O-Bindungen ist gleich lang, sie beträgt jeweils 136 pm. Es liegt also weder eine Einfach- noch eine Doppelbindung vor, die negative Ladung ist gleichmäßig über die gesamte Gruppe verteilt. Man geht beim Mesomeriemodell von der Vorstellung aus, dass das p_z-Orbital des Kohlenstoffs mit den p_z- Orbitalen der beiden Sauerstoff-Atome überlappt. Das entstandene π-Orbital erstreckt sich über alle drei Atome, die π-Elektronen sind delokalisiert. Diese Delokalisation ist energetisch begünstigt, sodass das Carboxylat-Anion sehr stabil ist.

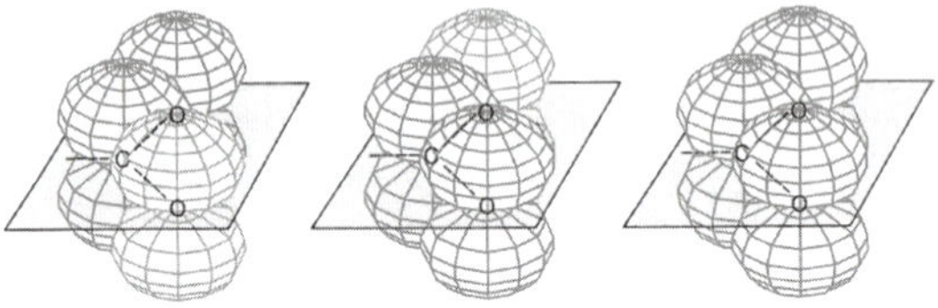

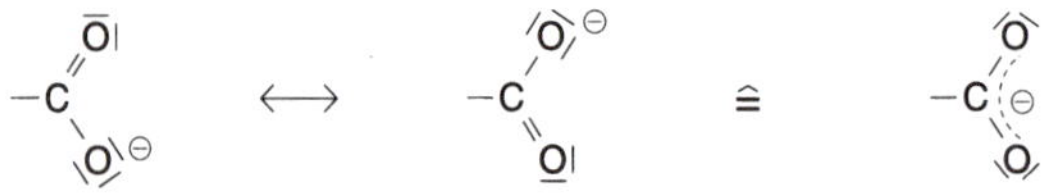

Überblick über Säurestärken

Monoalkansäuren

- **Säurestärke:** Alle Alkansäuren besitzen annähernd die gleiche Säurestärke mit Ausnahme der Methansäure, die mit einem pK_S-Wert von 3,7 eine recht starke Säure ist.
- **Erklärung:** Methansäure ist die einzige Säure ohne Alkyl-Gruppen, welche durch ihren +I-Effekt die Polarität der O–H-Bindung abschwächen.

Halogenalkansäuren

- **Säurestärke:** Halogenalkansäuren sind stärker sauer als die entsprechenden Alkansäuren.

  pK_S- Werte:

Fluorethansäure	2,66
Chlorethansäure	2,81
Bromethansäure	2,87
Iodethansäure	3,13

- **Erklärung:** Die Halogensubstituenten polarisieren durch ihren –I-Effekt die Bindung zwischen Wasserstoff und Sauerstoff noch stärker. Die Polarisierung der O–H-Bindung ist um so stärker, je größer die Elektronegativität des betreffenden Halogen-Atoms ist.

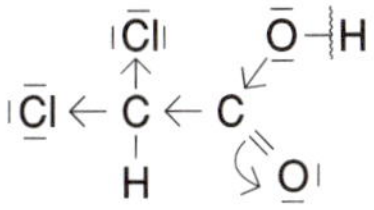

Dicarbonsäuren

- **Säurestärke:** Säurestärke höher als bei den Monocarbonsäuren.
  pK_S Ethansäure 4,76
  pK_S Ethandisäure 1,46
  Kurzkettige Dicarbonsäuren sind stärker sauer als langkettige.
  pK_S Ethandisäure 2,46
  pK_S Butandisäure 4,19
- **Erklärung:** Die beiden Carboxyl-Gruppen üben aufeinander einen –I-Effekt aus, wodurch die Polarität der O–H-Bindung verstärkt wird. Der –I-Effekt nimmt mit zunehmender Entfernung der beiden Carboxyl-Gruppen voneinander rasch ab.

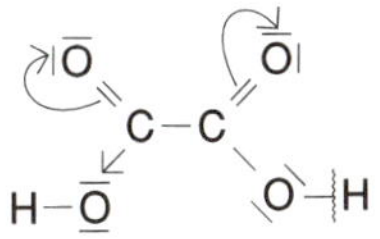

11.3.5 Chemische Reaktionen der Carbonsäuren: Veresterung

Bei der Reaktion von Carbonsäuren mit Alkoholen entstehen unter Abspaltung von Wasser Carbonsäureester.

$$\text{Alkohol} + \text{Säure} \underset{\text{Esterspaltung (Verseifung)}}{\overset{\text{Veresterung}}{\rightleftharpoons}} \text{Ester} + \text{Wasser}$$

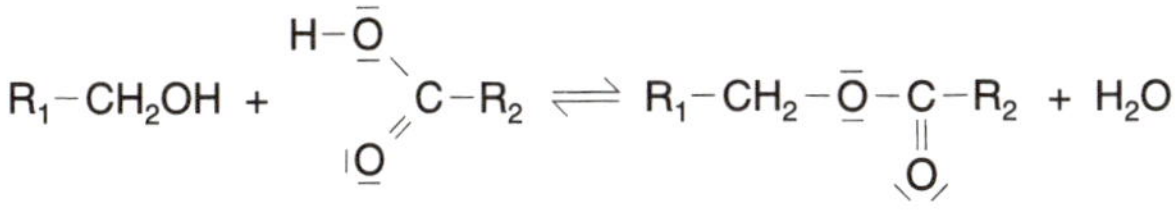

Veresterung und Esterspaltung (Esterhydrolyse) befinden sich in einem dynamischen Gleichgewichtszustand. Die Reaktionsgeschwindigkeit wird jedoch erst bei der Säurekatalyse nennenswert groß.

Die funktionelle Gruppe der Ester ist die Ester-Gruppe.

Reaktionsmechanismus der Veresterung

- **1. Schritt:** Die Reaktion beginnt mit einer Protonierung des Sauerstoff-Atoms der Carboxyl-Gruppe. Das entstandene Carbenium-Ion ist durch Mesomerie stabilisiert.

$$R'-COOH + H^+ \rightleftharpoons$$

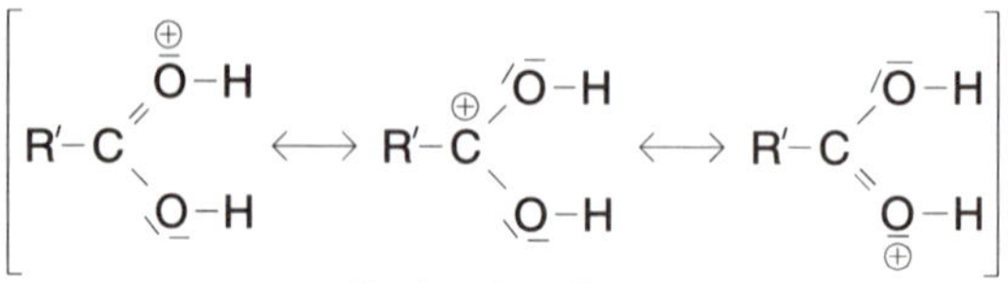

Carbenium-Ion

- **2. Schritt:** An das nun stark positivierte C-Atom der Carboxyl-Gruppe greift der Alkohol mit einem freien Elektronenpaar des Sauerstoffatoms seiner Hydroxyl-Gruppe nucleophil an. In einer Additionsreaktion entsteht ein Oxonium-Ion.

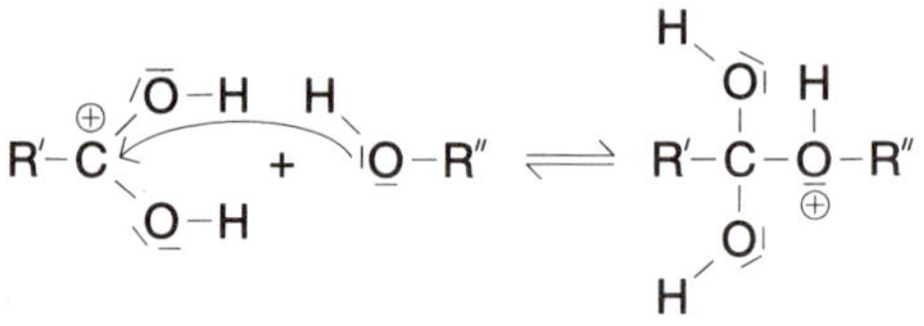

Oxonium-Ion

- **3. Schritt:** Das Proton der HydroxylGruppe des addierten Alkohols wandert intramolekular zur HydroxylGruppe der Säure. Anschließend erfolgt eine Eliminierung des Wasser-Moleküls.

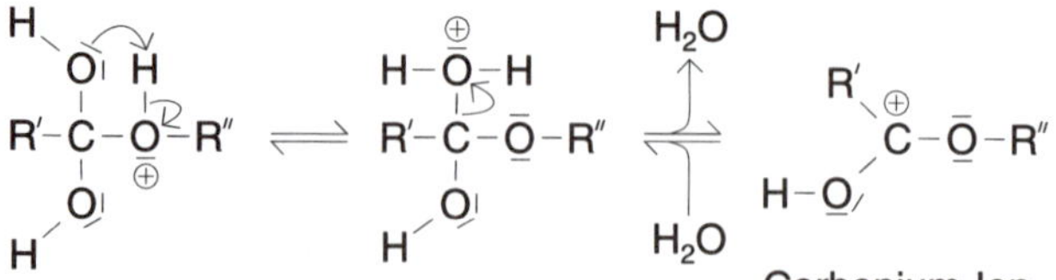

Carbenium-Ion

- **4. Schritt:** Durch Abspalten eines H^+-Ions wird der Katalysator rückgebildet.

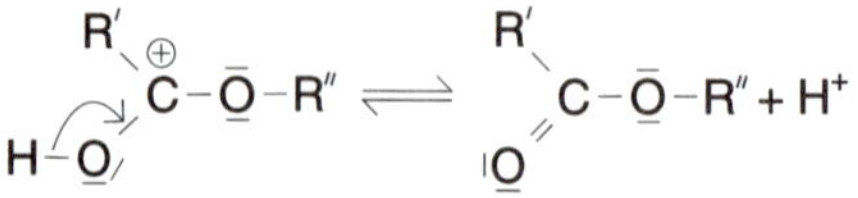

Nomenklatur der Ester

- Dem Namen der Säure folgt der Alkylrest des Alkohols + -ester: *Beispiel:* Methansäureethylester oder
- **Alkylrest** des Alkohols + Salz der Carbonsäure: *Beispiel:* Ethylmethanat.

Esterhydrolyse = Verseifung

Die saure Esterhydrolyse entspricht der Rückreaktion der sauren Veresterung und führt daher sehr schnell zu einem Gleichgewichtszustand. Im Alkalischen dagegen lassen sich Ester quantitativ spalten. Da diese Reaktion auch bei der Esterspaltung von Fetten zur Gewinnung von Seifen angewendet wird, bezeichnet man sie auch als Verseifung.

Reaktionsmechanismus der Esterspaltung

Das Hydroxid-Ion greift am positivierten C-Atom des Esters nucleophil an, wobei gleichzeitig eine Bindung in Richtung des doppelt gebundenen Sauerstoffs verschoben wird.

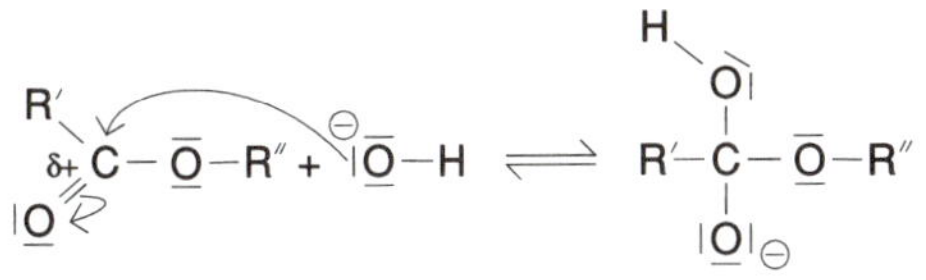

Ein Alkoholat-Ion wird eliminiert.

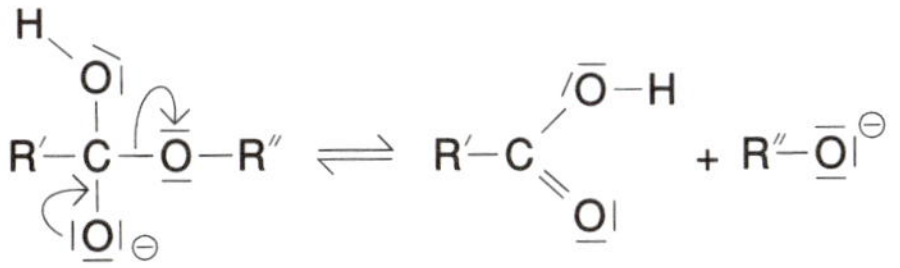

Das entstandene Alkoholat-Ion ist eine sehr starke Base (pK_B des Ethanolat-Ions: –2). Durch Protolyse nimmt das Alkoholat-Ion in einem praktisch irreversiblen Schritt ein Proton auf. Das dabei entstehende Carboxylat-Ion ist durch Mesomerie stabilisiert.

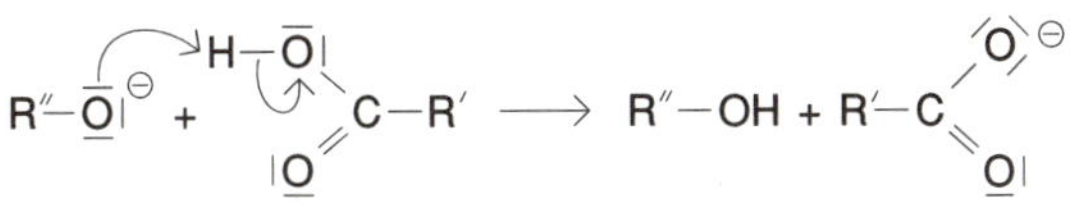

Reaktivität von Carbonsäurederivaten und Carbonylverbindungen

Carbonsäurederivate erhält man, wenn man die Hydroxyl-Gruppe der Carboxyl-Gruppe durch andere Atome oder Atomgruppen ersetzt.
Durch den Besitz eines doppelt gebundenen Sauerstoff-Atoms mit großer Elektronegativität trägt das Carbonyl- bzw. Carboxyl-Kohlenstoff-Atom eine positive Partialladung. An dieser Stelle erfolgen nucleophile Angriffe, die zu einer Addition führen.
Bei gleichbleibendem Rest R hängt die Reaktivität der Carbonyl-Gruppe davon ab, welche weiteren Atome bzw. Atomgruppen an das Carbonyl-Kohlenstoff-Atom gebunden sind.
Der nucleophile Angriff wird um so mehr begünstigt, je geringer die Elektronendichte am Carbonyl-Kohlenstoff-Atom und um so stärker dadurch seine positive Partialladung ist. Stark elektronegative Substituenten erhöhen somit die Reaktivität.

Carboxylat-Anionen besitzen wegen der Mesomeriestabilisierung und der hohen Elektronendichte praktisch keine Carbonyl-Reaktivität.

In der folgenden Reihe sind einige Beispiele aufgeführt und nach abnehmender Reaktivität geordnet:

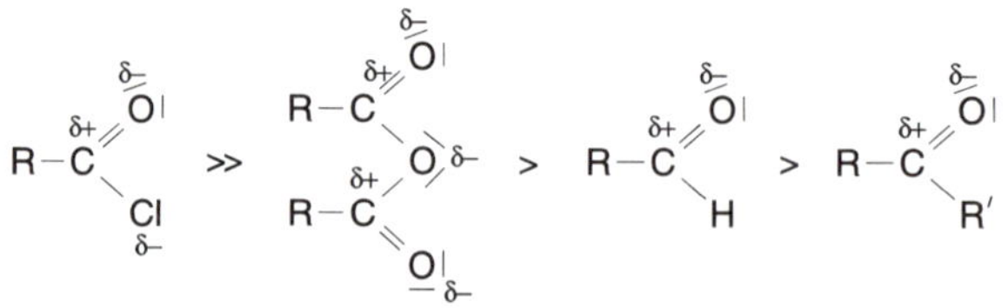

Carbonsäurechlorid | Carbonsäureanhydrid | Aldehyd | Keton

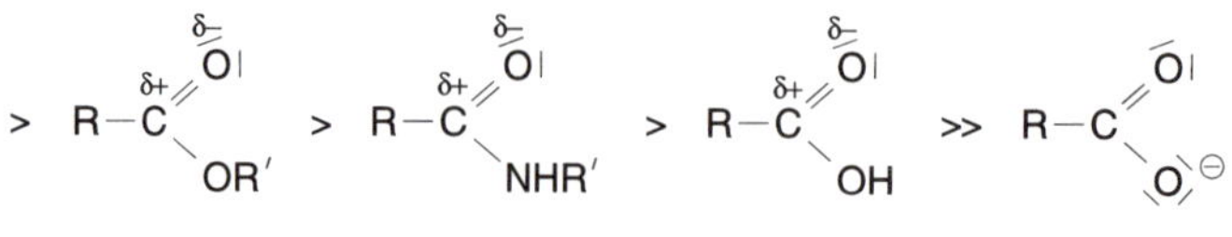

Carbonsäureester | Carbonsäureamid | Carbonsäure | Carboxylat-Ion

11.4 Allgemeine Übersicht über Reaktionsmechanismen

11.4.1 Einteilung nach der Art des angreifenden Teilchens

Angreifendes Teilchen	Kennzeichen	Beispiele	Angriffsort
Radikal	Teilchen mit einem ungepaarten Elektron.	Halogen-Atome	Radikale sind so reaktiv, dass sie am C-Atom jeder organischen Verbindung angreifen können.
Nucleophil	Teilchen mit negativer Ladung oder negativer Partialladung.	Cl^--Ion, O-Atom im Wasser	Nucleophile Teilchen greifen den Reaktionspartner an Zentren positiver Ladung an, z. B. am C-Atom eines Carbenium-Ions.
Elektrophil	Teilchen mit positiver Ladung oder positiver Partialladung.	Br^+-Ion, CH_3Br	Elektrophile Teilchen grei fen den Reaktionspartner an Zentren negativer Ladung an, z. B. an den π-Elektronen von Doppelbindungen oder von Benzol.

11.4.2 Überblick über Reaktionstypen

Eliminierung

Aus gesättigten Molekülen werden Atome abgespalten, sodass ungesättigte Verbindungen entstehen.

Reaktionsverlauf: Aus einem protonierten Alkohol-Molekül bildet sich unter Wasserabspaltung ein Carbenium-Ion, das unter Abspaltung eines Protons eine Doppelbindung ausbildet.

Beispiel:

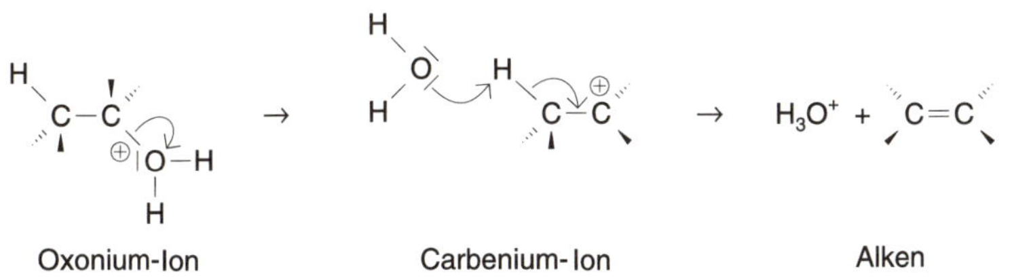

Addition

Atome oder Atomgruppen werden an organische Moleküle mit Mehrfachbindung (ungesättigte Verbindungen) angelagert. Dabei werden Einfachbindungen gebildet, aus π-Bindungen werden σ-Bindungen.

Einteilung nach Art des angreifenden Teilchens:

- **Elektrophil A_E**

  Angriffsort: An C = C-Doppelbindungen in Alkenen und an C ≡ C-Dreifachbindungen in Alkinen.

  Reaktionsweise: Durch Anlagerung des Elektrophils an die π-Bindung entsteht ein Carbenium-Ion. Dieses stabilisiert sich durch die Anlagerung eines nucleophilen Teilchens.

  Beispiel: Addition von HCl an Ethen

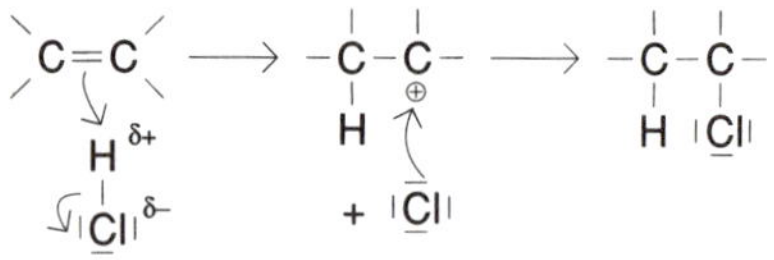

- **Nucleophil A_N**

  Angriffsort: An die C = O-Doppelbindung der Carbonyl-Gruppe.

  Reaktionsweise: Der nucleophile Angriff erfolgt an das positivierte C-Atom der Carbonyl-Gruppe, welches in Gegenwart von H^+-Ionen ein Carbenium-Ion bildet. Die Stabilisierung erfolgt oft in einem zweiten Schritt durch intramolekulare Protonenwanderung.

  Beispiel: Addition von NH_3 an Ethanal

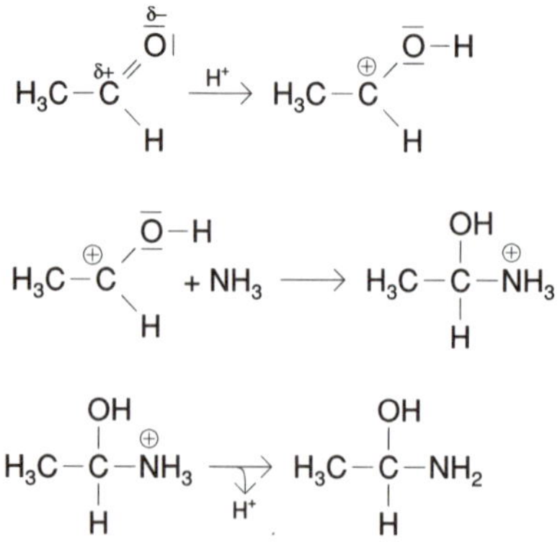

Substitution

Bei Substitutionen werden Atome oder Atomgruppen in einem organischen Molekül durch andere Atome oder Atomgruppen ersetzt.

Einteilung nach Art des angreifenden Teilchens:

- **Nucleophile Substitution S_N**

  Angriffsort: Am positivierten Kohlenstoff-Atom polarer Verbindungen wie z. B. Halogenalkane, Alkanole.

  Reaktionsweise: Das angreifende Nucleophil bildet mit dem positivierten C-Atom eine Bindung aus. Gleichzeitig wird die Bindung zwischen dem C-Atom und seinem elektronegativeren Bindungspartner heterolytisch gespalten.

  Beispiel: Reaktion von CH_3F mit OH^-

- **Elektrophile Substitution S_E**

  Angriffsort: Am delokalisierten π-Elektronensystem aromatischer Moleküle.

  Reaktionsweise: Das Elektrophil tritt mit dem π-Elektronensystem des Rings in Wechselwirkung. Intermediär wird dabei der aromatische Zustand durch Bildung eines σ-Komplexes aufgelöst. Die Rearomatisierung erfolgt durch Abspaltung eines Protons.

  Beispiel: Methylierung von Benzol

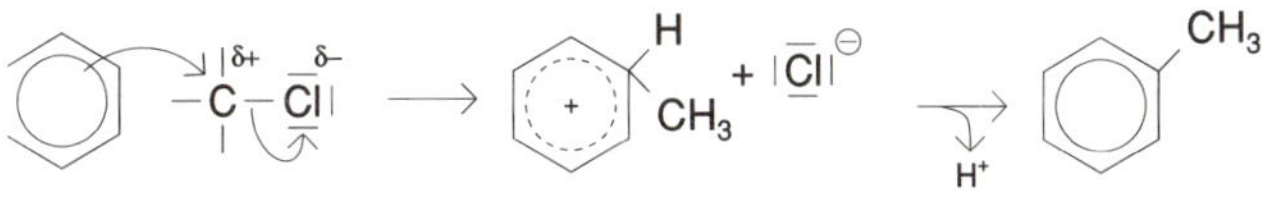

- **Radikalische Substitution S_R**

  Angriffsort: An C–H-Bindungen.

  Reaktionsweise: Durch Licht und Wärme werden Halogene homolytisch in Radikale gespalten. Die Wasserstoff-Atome von C–H-Bindungen werden nun durch Halogen-Atome ersetzt.

  Beispiel: Chlorierung von Methan

$$|\overline{\underline{Cl}}-\overline{\underline{Cl}}| \xrightarrow{\text{Licht}} 2\,|\overline{\underline{Cl}}\bullet$$

$$|\overline{\underline{Cl}}\bullet + CH_4 \longrightarrow H-\overline{\underline{Cl}}| + \bullet CH_3$$

$$\bullet CH_3 + |\overline{\underline{Cl}}-\overline{\underline{Cl}}| \longrightarrow CH_3Cl + |\overline{\underline{Cl}}\bullet$$

12 Stickstoffhaltige organische Verbindungen

Überblick über die wichtigsten Stoffklassen

Stoffklasse	Amine aliphatisch	Amine aromatisch	Säureamide	Nitroverbindungen	Aminosäuren
Beispiel	Methylamin	Anilin	Harnstoff	Nitrobenzol	Aminoethansäure, (Glycin)
	H_3C-NH_2	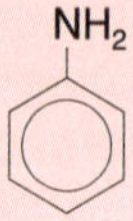	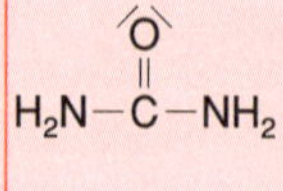	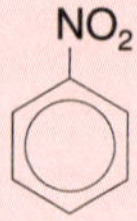	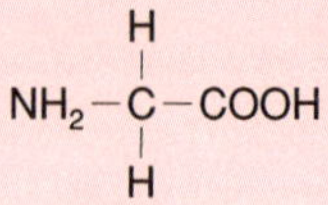

12.1 Amine

Formal sind Amine Substitutionsprodukte des Ammoniaks, bei dem ein oder mehrere H-Atome durch aliphatische oder aromatische Reste ersetzt sind.

Nomenklatur

An den Namen des entsprechenden Alkylrestes wird das Wort -amin angehängt. Je nach Anzahl der ersetzten H-Atome unterscheidet man zwischen primären, sekundären und tertiären Aminen.

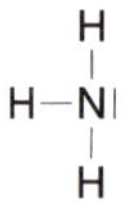

Ammoniak

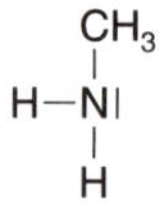

Methylamin
primär

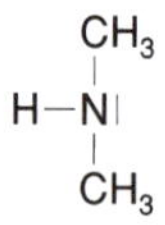

Dimethylamin
sekundär

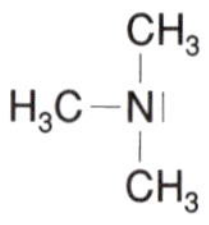

Trimethylamin
tertiär

Eigenschaften einiger Amine

Aliphatische Amine sind aufgrund der recht großen Elektronegativität des Stickstoff-Atoms polar, ihre Siedetemperaturen sind höher als die von Alkanen vergleichbarer Masse, da sie (außer tertiäre Amine) Wasserstoffbrücken ausbilden können. Sie sind giftig und haben einen stechenden fischartigen Geruch. Der typische Geruch von Seefisch und Hummer wird durch Dimethylamin und Trimethylamin verursacht.
Aminobenzol (Anilin) ist eine farblose, ölige Flüssigkeit mit unangenehmem Geruch. Es ist ein starkes Blut- und Nervengift und steht im Verdacht Krebs zu erregen.

Basizität der Amine

Amine reagieren wie Ammoniak mit Wasser als **Brönsted-Base**, wobei sie mit dem freien Elektronenpaar ein Proton aufnehmen können. Dabei entsteht ein Methylammonium-Kation.

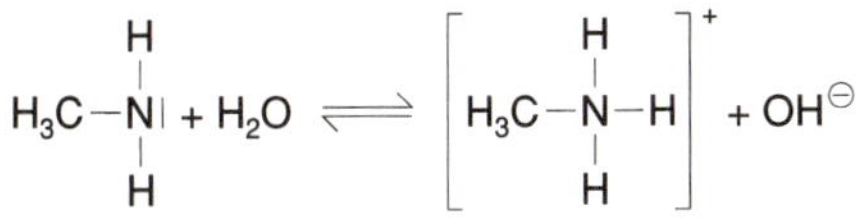

Die Amine haben eine um so größere Basenstärke, je besser das freie Elektronenpaar zur Bindung zur Verfügung gestellt werden kann. Die Alkylsubstituenten bewirken durch ihren +I-Effekt eine Erhöhung der Ladungsdichte am Stickstoff-Atom, was die Aufnahme eines Protons begünstigt.

Die Basenstärke nimmt in der Reihenfolge

NH_3 < primäres Amin < sekundäres Amin zu.

Eine Ausnahme bilden die tertiären Amine, die sehr schwache Basen sind. Der Grund liegt darin, dass das durch Protonenaufnahme gebildete Alkylammonium-Ion in Wasser nur sehr schwer hydratisiert werden kann und von daher instabil ist.

Verbindung	pK_B-Wert
NH_3	4,75
CH_3NH_2	3,36
$(CH_3)_2NH$	3,29
$(CH_3)_3N$	4,26

Anilin ist eine sehr schwache Base ($pK_B = 9{,}4$), da sich das freie Elektronenpaar des Stickstoffs an der Delokalisation der π-Elektronen des Rings beteiligt. Die Elektronendichte des Stickstoff-Atoms ist dadurch so weit gesenkt ist, dass die Protonenaufnahme erschwert ist.

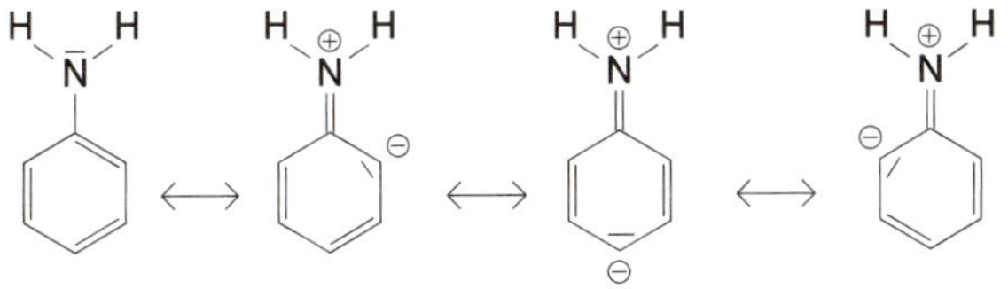

12.2 Säureamide

Säureamide sind Derivate von Carbonsäuren bzw. der Kohlensäure, bei denen die Hydroxyl-Gruppe durch eine Amino-Gruppe ersetzt ist.

Allgemeine Formel:

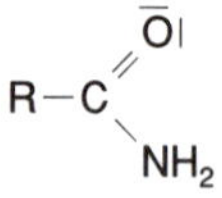

Harnstoff, das Diamid der Kohlensäure:

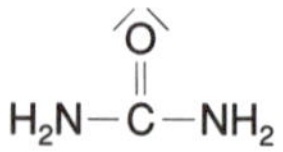

12.3 Nitroverbindungen

Übersicht über einige wichtige Nitroverbindungen

	Nitrobenzol	2,4,6-Trinitrophenol	2,4,6-Trinitrotoluol	Trisalpetersäureglycerinester
Trivialname		Pikrinsäure	TNT	Nitroglycerin
Verwendung	Herstellung von Anilin	Sprengstoff	Sprengstoff	Sprengstoff
Formel	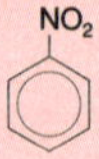	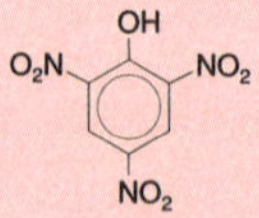	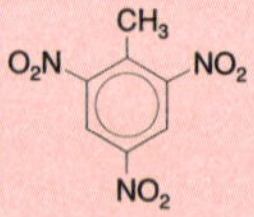	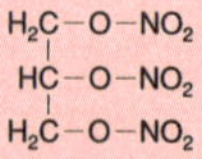

12.4 Aminosäuren

Ersetzt man bei den Carbonsäuren ein oder mehrere H-Atome der Alkyl-Gruppe durch die AminoGruppe $-NH_2$, erhält man Aminosäuren.
Bei den so genannten α-Aminosäuren sitzt die Amino-Gruppe stets am unmittelbar zur Carboxyl-Gruppe benachbarten C-Atom; nur sie sind Bausteine der Proteine. In ihnen sind die Aminosäuren unter Wasserabspaltung durch Ausbildung von Peptidbindungen miteinander zu Peptidketten verknüpft.

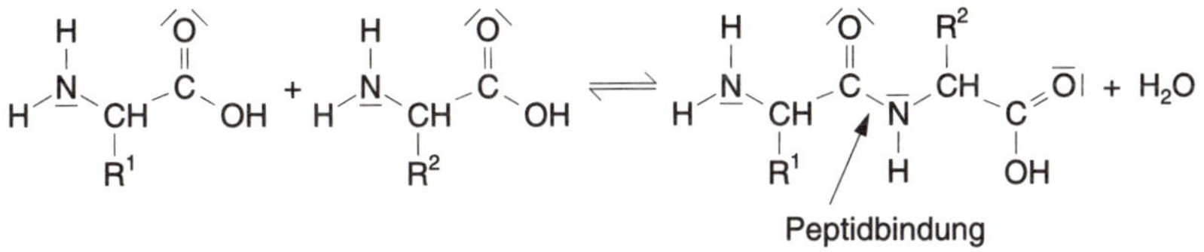

Die ungeladene Form einer Aminosäure existiert praktisch nicht. Sowohl in festem Zustand wie auch in wässriger Lösung sind die funktionellen Gruppen der Aminosäuren geladen: durch den gleichzeitigen Besitz einer Ammoniumgruppe ($-NH_3^+$) und einer Carboxylat-Gruppe ($-COO^-$) sind Aminosäuren Zwitterionen.

Das Zwitterion kann als Säure oder als Base reagieren. Aminosäuren besitzen daher Ampholytcharakter mit Puffereigenschaften. In Kristallen und in Lösung liegen Aminosäuren als **Zwitterionen** vor. In Abhängigkeit vom pH-Wert der Lösung entstehen Kationform und Anionform. Bei einem bestimmten pH-Wert, dem **isoelektrischen Punkt,** liegt ausschließlich das Zwitterion vor.

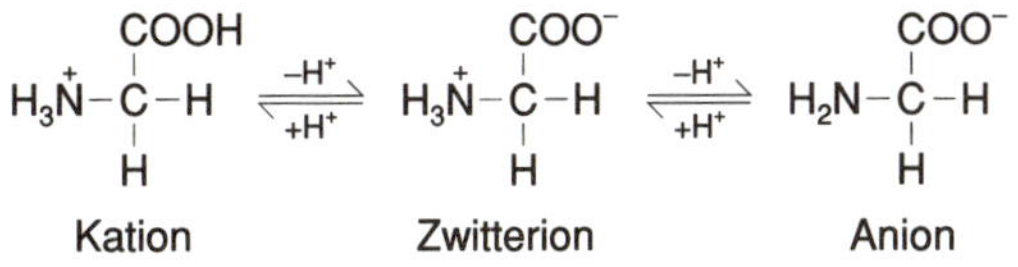

Proteine (Eiweißstoffe) sind aus Aminosäuren aufgebaut. Bei den 20 natürlich vorkommenden Aminosäuren handelt es sich um **α-Aminosäuren.**
Die biologische Funktion eines Proteins hängt von seiner räumlicher Struktur ab:

- **Primärstruktur:** Reihenfolge der Aminosäuren im Protein (Aminosäuresequenz).
- **Sekundärstruktur:** α-Helix- oder β-Faltblattstruktur werden durch Wasserstoffbrückenbindungen stabilisiert.

- **Tertiärstruktur:** Charakteristische Teilchengestalt des Protein-Moleküls, die durch **Van-der-Waals-Bindungen**, Wasserstoffbrückenbindungen, Ionenbindungen und Disulfidbindungen stabilisiert ist.
- **Quartärstruktur:** Übergeordnete Struktur, die sich durch Zusammenlagerung mehrerer Polypeptidketten ergibt.

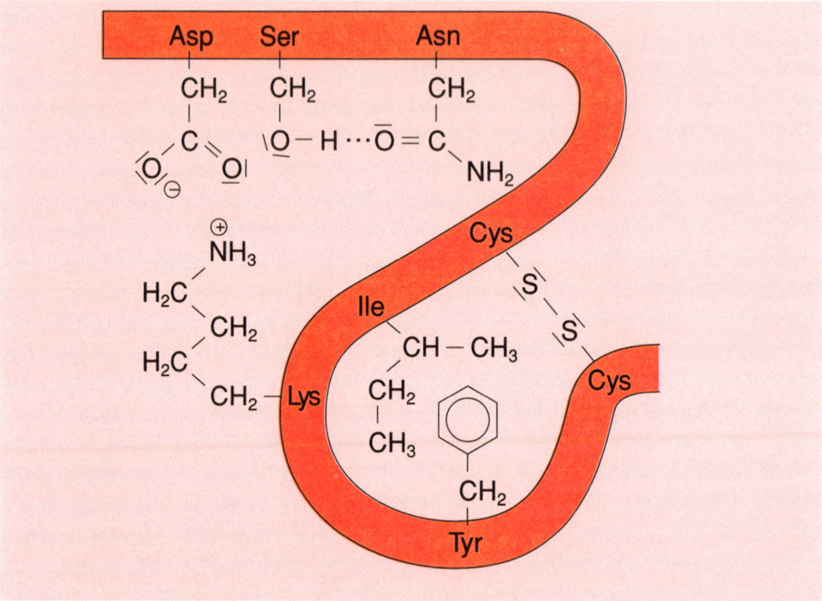

Bindungsarten zur Stabilisierung der Tertiärstruktur

13 Naturstoffe

13.1 Kohlenhydrate

13.1.1 Monosaccharide

Bausteine der Kohlenhydrate, $C_n(H_2O)_m$, sind die Monosaccharide (Einfachzucker). Formal können sie als Oxidationsprodukte der mehrwertigen Alkohole aufgefasst werden: Oxidation an einem primären C-Atom führt zu einer **Aldose**, durch Oxidation an einem sekundären C-Atom entsteht eine **Ketose**.
Hexosen bestehen aus sechs C-Atomen, **Pentosen** aus fünf, **Tetrosen** aus vier und **Triosen** aus drei C-Atomen.

Glucose

Glucose ($C_6H_{12}O_6$, Traubenzucker) kann als **Aldohexose** (ein Zucker mit sechs C-Atomen und einer Aldehyd-Gruppe) dargestellt werden. Bei vier C-Atomen (C*) der Glucose handelt es sich um **asymmetrische C-Atome**, da sie jeweils vier verschiedene Atome oder Atomgruppen binden.

In der **Fischer-Projektionsformel** steht das C-Atom mit der höchsten Oxidationszahl (Carbonyl-Gruppe) oben. Ein asymmetrisches C-Atom (Chiralitätszentrum C*) liegt **in** der Zeichenebene; die mit ihm nach oben und unten verbundenen Atome liegen **hinter** der Zeichenebene; die nach links und rechts verbundenen Atome liegen **vor** der Zeichenebene.

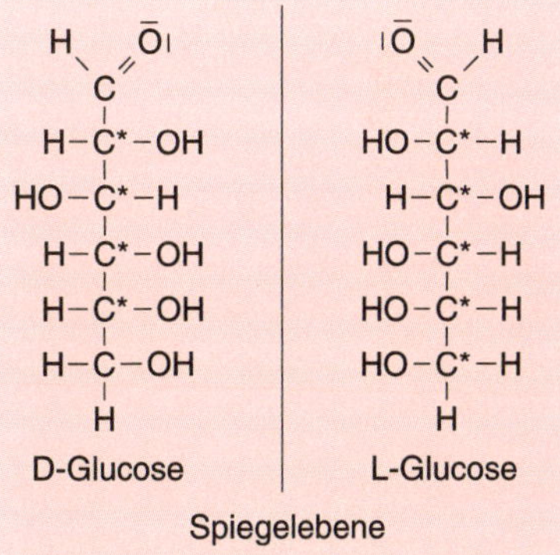

D- und L-Glucose in der Fischer-Projektion

Der natürlich vorkommende Zucker heißt **D-Glucose**: Die OH-Gruppe am asymmetrischen C-Atom, das von der Carbonyl-Gruppe am weitesten entfernt steht, zeigt in der Fischer-Projektionsformel nach rechts (lat. *dexter*: rechts). In der **L-Glucose** zeigt sie nach links (lat. *laevus*: links).
D-Glucose und L-Glucose sind **optische Isomere** (Spiegelbild-Isomere): Sie verhalten sich wie Bild und Spiegelbild und können nicht durch Drehung ineinander überführt werden.

Polarisiertes Licht (Licht, dessen Wellen nur in einer Ebene schwingen) wird von D-Glucose um einen bestimmten Winkel gedreht. Im Polarimeter liest man einen positiven Drehwinkel ab. Man bezeichnet daher die natürlich vorkommende Glucose als **D(+)-Glucose.** Durch Reaktion der Carbonyl-Gruppe am C-1-Atom mit der OH-Gruppe am C-5-Atom kommt es zum Ringschluss. Da das Produkt einer Reaktion zwischen einer Aldehyd-Gruppe und einer OH-Gruppe als **Halbacetal** bezeichnet wird, nennt man den entstandenen Ring Halbacetalform: Das C-1-Atom und das C-5-Atom sind über eine Sauerstoffbrücke verbunden. Da diese Struktur dem Pyran entspricht, nennt man die Ringstruktur **Pyranose**. Die **Haworth-Ringform** gibt diese Struktur nur annähernd wieder. Tatsächlich ist der Ring sesselförmig.

Bei der α-**Glucose** zeigt die halbacetalische OH-Gruppe am C-1-Atom nach unten, bei der β-**Glucose** zeigt sie nach oben.

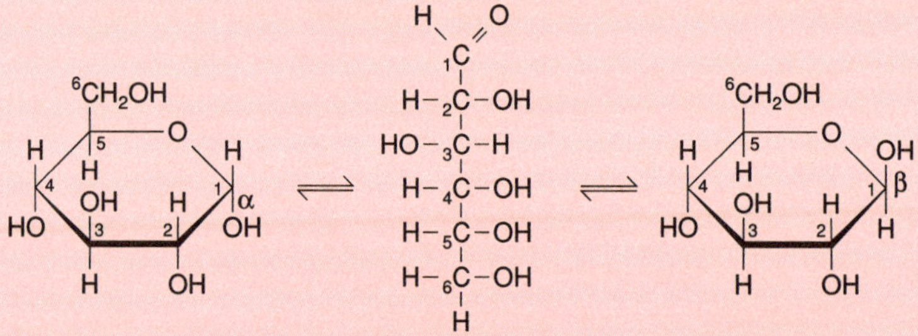

Chemisches Gleichgewicht zwischen α-Glucose, Kettenform und β-Glucose

In wässeriger Glucose-Lösung liegt ein chemisches Gleichgewicht zwischen der offenen Kettenform und den beiden Ringformen vor: 64 % der Glucose-Moleküle liegen als α-Glucose, 36 % als β-Glucose und weniger als 0,1 % der Moleküle liegen als offene Kette vor.

Die Aldehyd-Gruppe lässt sich mithilfe der **Fehling-Probe** (Cu^{2+}-Ionen werden zu Cu_2O reduziert) und der **Tollens-Probe** (Ag^+ wird zu Ag reduziert) nachweisen. Glucose ist daher ein reduzierender Zucker.
Da der Aldehydnachweis nicht spezifisch für Glucose ist, wird in der Medizin Glucose enzymatisch durch den Glucose-Oxidase-Test (**God-Test**) nachgewiesen.

Fructose

Fructose (Fruchtzucker) ist zu Glucose isomer und wird in der Fischer-Projektion als Ketohexose dargestellt.

Kristalline Fructose liegt als **Pyranose** (Sechsring) vor; als Baustein der Saccharose (Rohrzucker) liegt sie als Fünfring vor, der nach dem Furan-Molekül als **Furanose** bezeichnet wird.

Der Ringschluss in der Pyranoseform erfolgt über die Keto-Gruppe am C-2-Atom und die OH-Gruppe am C-6-Atom.

Bei der Furanoseform schließt sich der Ring über die OH-Gruppe des C-5-Atoms.

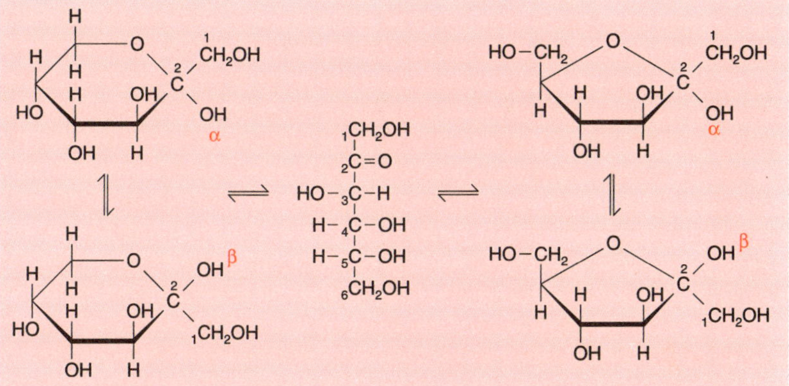

Fructose: chemisches Gleichgewicht zwischen Puranoseform, Kettenform und Furanoseform

Ribose und Desoxyribose

Ribose und Desoxyribose sind Aldopentosen. Sie kommen in den Nukleinsäuren (DNA, RNA) vor und liegen dort in der Furanoseform vor.

13.1.2 Disaccharide

Reagiert eine halbacetalische OH-Gruppe mit einer alkoholischen OH-Gruppe, so entstehen Acetale, die in der Chemie der Kohlenhydrate als **Glykoside** bezeichnet werden. Bei der Verknüpfung zweier Glucose-Moleküle reagiert die OH-Gruppe am C-1-Atom (halbacetalisch) z. B. mit der OH-Gruppe des C-4-Atoms eines zweiten Glucose-Moleküls. Die Bindung bezeichnet man als **glykosidische Bindung**. Steht die halbacetalische OH-Gruppe in α-Stellung, so handelt es sich um eine α-(1,4)-glykosidische Bindung.

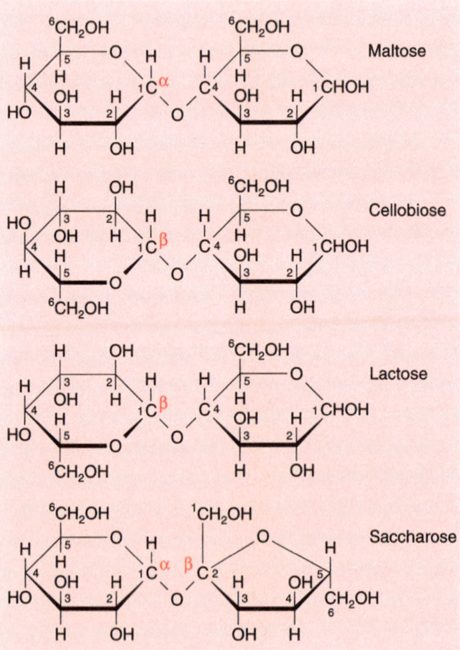

Wichtige Disaccharide

In der **Maltose** (Malzzucker) sind zwei α-Glucose-Moleküle α-(1,4)-glykosidisch miteinander verknüpft. Das zweite Glucose-Molekül liegt als Halbacetal vor, das sich zur Kette mit der Aldehyd-Gruppe öffnen kann. Maltose wirkt daher als reduzierender Zucker.

In der **Cellobiose**, dem Abbauprodukt der Cellulose, sind zwei α-Glucose-Moleküle α-(1,4)-glykosidisch verknüpft.

In der **Lactose** (Milchzucker) ist ein Galactose-Molekül mit einem Glucose-Molekül α-(1,4)-glykosidisch verknüpft. Galactose ist ein Monosaccharid, das sich nur in der Stellung der OH-Gruppe am C-4-Atom von der Glucose unterscheidet. Cellobiose und Lactose gehören aufgrund der halbacetalischen OH-Gruppe am C-1-Atom des zweiten Bausteins zu den reduzierenden Zuckern. Die Summenformel der Disaccharide ist $C_{12}O_{11}H_{22}$.

In der **Saccharose** (Rohrzucker, Rübenzucker) ist eine α-Glucose mit einer β-Fructose verknüpft. Saccharose ist ein nicht reduzierender Zucker, da die halbacetalischen OH-Gruppen sowohl der Glucose als auch der Fructose zur Bindung verknüpft sind.

13.1.3 Polysaccharide

- **Stärke**

Stärke besteht aus **Amylose** (20 %) und **Amylopektin** (80 %). Amylose ist in heißem Wasser löslich, Amylopektin ist wasserunlöslich.

Bei der **Amylose** sind bis zu 10 000 α-Glucose-Einheiten α-(1,4)-glykosidisch miteinander verknüpft. Die entstehende Kette besitzt eine schraubenförmige Struktur, die durch Wasserstoffbrückenbindungen stabilisiert wird. Iod-Moleküle können sich in diese Wendeln einlagern; es entsteht eine intensive Blaufärbung (Iod/Stärke-Reaktion).

Amylopektin besteht aus bis zu einer Million α-Glucose-Einheiten, die wie in der Amylose α-(1,4)-glykosidisch verknüpft sind. Zusätzlich ist etwa jede 25. Glucose-Einheit α-(1,6)-glykosidisch verknüpft, was zu Verzweigungen der Kette führt.

- **Cellulose**

Mehrere Tausend β-Glucose-Einheiten sind β-(1,4)-glykosidisch miteinander verknüpft.

13.2 Fette

Als Fette bezeichnet man **Ester** aus **Fettsäuren** (langkettigen Carbonsäuren) und **Glycerin** (Propan-1,2,3-triol).

Da alle drei OH-Gruppen des Glycerins verestert sind, spricht man auch von **Triglyceriden**. Natürlich vorkommende Fette sind keine Reinstoffe, sondern ein Gemisch verschiedener Triglyceride.

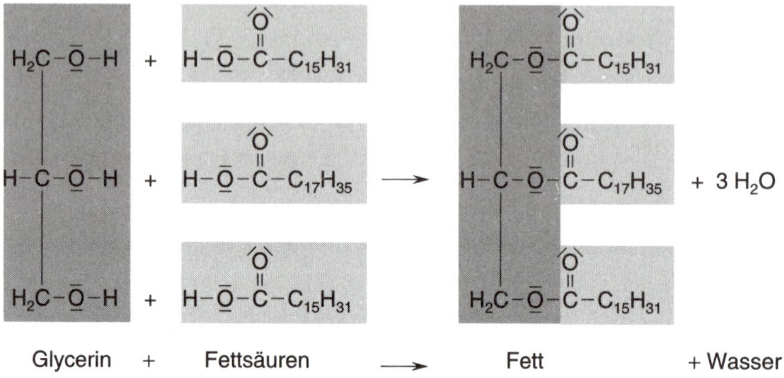

Gesättigte Fettsäuren

Fettsäuren, die nur C–C-Einfachbindungen enthalten

Ungesättigte Fettsäuren

Fettsäuren, die C=C-Doppelbindungen enthalten

Je höher der Anteil ungesättigter Fettsäuren im Fett ist, desto niedriger ist die Schmelztemperatur. Da ungesättigte Fettsäuren stets eine **cis-Konfiguration** an den C=C-Doppelbindungen besitzen, weisen sie daher an dieser Stelle einen Knick im Molekül auf, der zu einer sperrigen räumlichen Anordnung im Fett-Molekül sorgt und das Auskristallisieren erschwert.

Erhitzt man Fette mit Natronlauge oder Kalilauge, so entstehen Glycerin und die Natrium- bzw. Kaliumsalze der Fettsäuren, die man als **Seifen** bezeichnet. Man bezeichnet die alkalische Hydrolyse daher auch als Verseifung. Die Waschwirkung der Seifen beruht auf der **hydrophilen Carboxylat-Gruppe** und dem **lipophilen Alkylrest**, der mit dem unpolaren Schmutz in Wechselwirkung treten kann.

13.3 Proteine

Proteine (Eiweißstoffe) sind aus den 20 natürlich vorkommenden α-**Aminosäuren** aufgebaut, die über **Peptidbindungen** miteinander verknüpft sind (→ Kapitel 12.4).

Neutrale Aminosäuren reagieren neutral in wässeriger Lösung; **saure Aminosäuren** reagieren sauer, da sie noch eine Carboxyl-Gruppe in der Seitenkette besitzen; **basische Aminosäuren** reagieren alkalisch, da sie noch eine Amino-Gruppe in der Seitenkette besitzen.

Von den 20 Aminosäuren müssen einige mit der Nahrung aufgenommen werden: Es sind so genannte **essentielle Aminosäuren.**

Neutrale Aminosäuren (* essentiell)

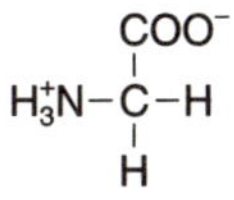

Glycin (Gly)
pH(I) = 5,97

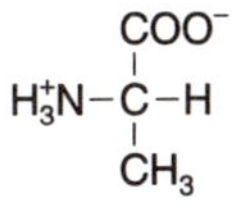

Alanin (Ala)
pH(I) = 6,02

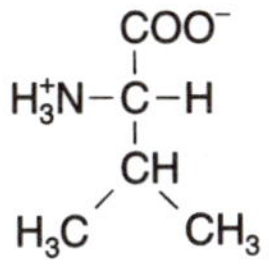

Valin (Val)*
pH(I) = 5,97

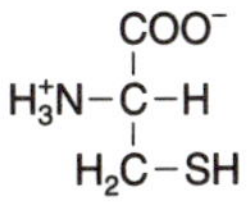

Cystein (Cys)
pH(I) = 5,02

Saure Aminosäuren

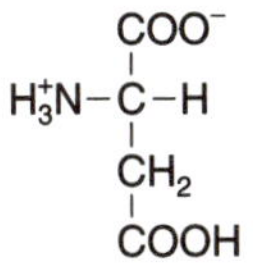

Asparaginsäure (Asp)
pH(I) = 2,8

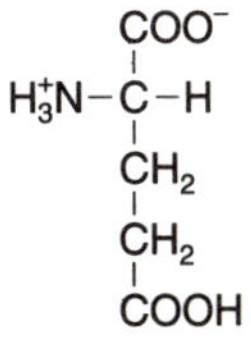

Glutaminsäure (Glu)
pH(I) = 3,2

Basische Aminosäuren (* essentiell)

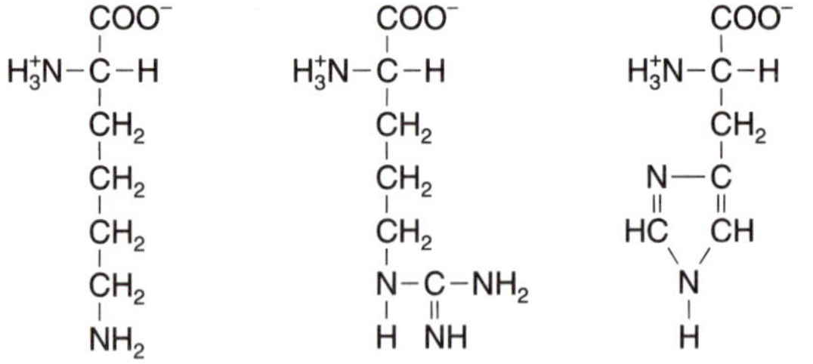

Lysin (Lys)* pH(I) = 9,74

Arginin (Arg) pH(I) = 10,76

Histidin (His) pH(I) = 7,59

Unter **Denaturierung** versteht man die irreversible Zerstörung der Tertiär- und Quartärstruktur der Proteine. Sie ist möglich durch Hitze, energiereiche Strahlung, Säuren, Laugen, Schwermetall-Ionen und Reduktionsmittel.

Proteine kommen im Organismus als Baustoffe (Kollagen), Antikörper, Hormone und Enzyme vor.

Das Haar besteht aus Keratin, das eine α-Helix-Struktur aufweist. Die Helices sind durch Disulfidbrücken vernetzt. Bei der Dauerwelle werden diese Brücken mit alkalischen Reduktionsmitteln aufgebrochen. Mit einem Oxidationsmittel wird die neue Struktur fixiert.

14 Farbstoffe

14.1 Lichtabsorption und Farbe

Chemische Verbindungen sind farbig, wenn sie elektromagnetische Strahlung im Wellenlängenbereich des sichtbaren Lichtes zwischen 400 nm und 800 nm absorbieren. Für das Auge bleiben nur die Wellenlängen sichtbar, die nicht absorbiert werden. Diese erzeugen ein Restlicht, das als **Komplementärfarbe** bezeichnet wird.

absorbiertes Licht	violett	blau	grünblau	blaugrün	grün	gelbgrün	gelb	orange	rot	purpur
Wellenlänge [nm]	380	400	450	500	550	600	650	700	750	780
beobachtete Farbe: Komplementärfarbe	gelbgrün	gelb	orange	rot	purpur	violett	blau	grünblau	blaugrün	grün

Funktionelle Gruppen mit Mehrfachbindungen, wie z. B. die C = C-Doppelbindung (>C = C<), die Carbonyl-Gruppe (>C = O), Azomethin-Gruppe (>C = N–), Thiocarbonyl-Gruppe (>C=S), Nitroso-Gruppe (–N = O) und Azo-Gruppe (–N = N–) sind im Allgemeinen die Ursache für die Lichtabsorption organischer Farbstoff-Moleküle.
Bilden diese Atomgruppen konjugierte und/oder aromatische **π-Elektronensysteme,** so verschieben sich die Absorptionsbanden in der Regel aus dem kurzwelligen UV-Bereich in den sichtbaren Bereich des Spektrums. Diese Gruppen sind somit für die Farbigkeit einer Verbindung verantwortlich und werden als **Chromophore** bezeichnet.

Polyene, das heißt Kohlenwasserstoffe, deren Moleküle zwei oder mehr C = C-Doppelbindungen enthalten, zeigen, dass die Ausdehnung des konjugierten π-Elektronensys-tems einen Einfluss auf die Farbe organischer Verbindungen hat. Je größer das konjugierte π-Elektronensystem bei Polyenen ist, desto größer ist die Wellenlänge des absorbierten Lichts. So absorbiert ein Polyen mit sechs konjugierten Doppelbindungen noch deutlich im UV-Bereich, während β-Carotin (Farbstoff in Karotten) mit elf konjugierten C = C-Doppelbindungen sein Absorptionsmaximum bei ca. 450 nm, also im Blaubereich, hat.

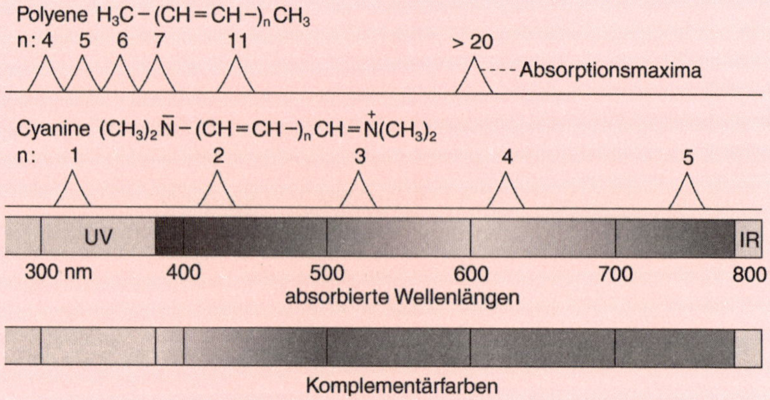

Absorption und Farbe bei Polyenen und Cyaninen

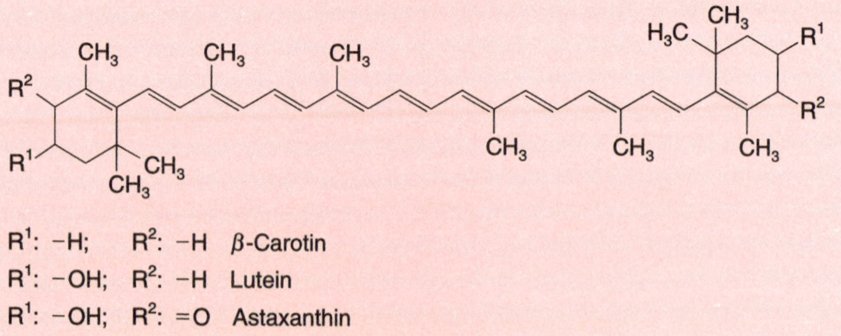

Carotine als natürliche Farbstoffe in Pflanzen mit konjugierten Doppelbindungen (β-Carotin: orangerot; Lutein: gelb; Astaxanthin (Pigment des Hummerpanzers): blau)

Mesomere Wechselwirkungen

Funktionelle Gruppen können die Absorption durch mesomere Wechselwirkungen mit dem Chromophor in den längerwelligen Bereich des sichtbaren Lichts verschieben. Die Verschiebung des Absorptionsmaximums zu größeren Wellenlängen wird als **bathochromer Effekt** bezeichnet. Die Verschiebung kann durch einen **+M-Effekt** oder durch einen **–M-Effekt** der funktionellen Gruppe verursacht werden. Funktionelle Gruppen, die einen +M-Effekt bewirken (Elektronendonatoren), werden als **Auxochrome** bezeichnet. Dazu gehören $-NR_2$, $-NH_2$, $-OR$ und $-OH$.

Einen –M-Effekt erzeugen **Antiauxochrome** (Elektronenakzeptoren), zu denen z. B. –CHO, $–NO_2$ und $–SO_3H$ gehören.

Wenn sich Auxochrome und Antiauxochrome an den entgegengesetzten Enden eines Chromophors befinden, tritt die stärkste bathochrome Verschiebung auf. Ein Beispiel hierfür ist ein Cyanin, das nur zwei konjugierte C=C-Doppelbindungen, aber eine Elektronen liefernde N,N-Dimethylamino-Gruppe und eine Elektronen anziehende N,N-Dimethylimmonium-Gruppe besitzt. Dieses Cyanin absorbiert im sichtbaren violetten Bereich, es ist daher gelb. Ein vergleichbares Cyanin mit sechs Doppelbindungen absorbiert schon im nicht mehr sichtbaren Infrarot-Bereich.

Strukturprinzipien organischer Farbstoffe

D–[π-Elektronensystem]–A

Elektronendonator (+M-Effekt)	Elektronenakzeptor (–M-Effekt)
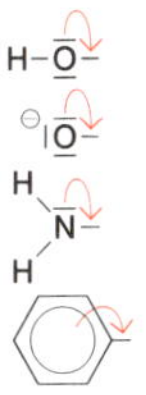	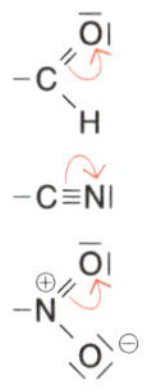

Mesomerie-Modell

Mithilfe von Grenzformeln lässt sich die Delokalisation der π-Elektronen in Farbstoff-Molekülen gut beschreiben. Der Vergleich von Farbstoffen ähnlicher Struktur zeigt, dass das Maximum einer Absorptionsbande umso mehr in den Bereich größerer Wellenlängen verschoben ist, je weniger sich die den Grenzformeln entsprechenden Strukturen in ihrem Energieinhalt unterscheiden.

14.2 Wichtige Farbstoffklassen

14.2.1 Azofarbstoffe

Die Azofarbstoffe stellen die größte Klasse der synthetischen organischen Farbstoffe dar. Chromophor ist die Azogruppe (N = N-Gruppe) in Verbindung mit aromatischen Systemen.

Säure/Base-Indikator Methylorange als Beispiel für einen Azofarbstoff

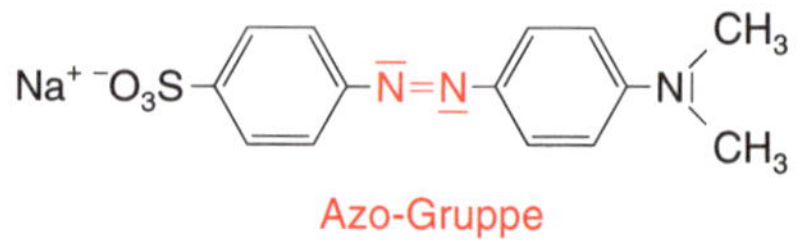

Die Synthese verläuft in zwei Schritten: Zuerst wird eine Diazotierung eines primären aromatischen Amins und dann eine Azokupplung mit einem aromatischen System durchgeführt:

Diazotierung ($\vartheta < 5\,°C$)

Beim Ansäuern eines Gemischs aus Natriumnitrit-Lösung und Anilin (primäres aromatisches Amin) bildet sich ein Nitrosyl-Ion (NO^+), das am N-Atom des Anilin-Moleküls elektrophil angreift. Die so gebildete N-Nitroso-Verbindung wandelt sich in Phenyldiazohydroxid um, das unter Abspaltung eines Hydroxid-Ions zum Phenyldiazonium-Ion reagiert.

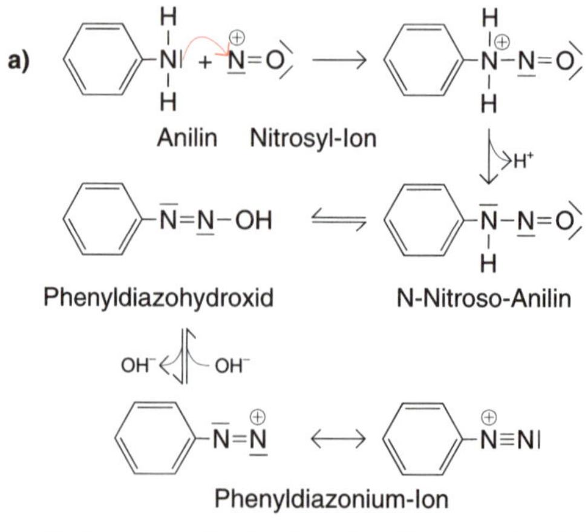

Azokupplung

In einer elektrophilen Zweitsubstitution wird das Diazonium-Salz mit einer Kupplungskomponente (aromatische Amine oder Phenole) zur Reaktion gebracht. Über den + M-Effekt des Substituenten – hier die OH-Gruppe im Phenol – wird die Elektronendichte im Benzolring in **ortho**- bzw. **para-Stellung** erhöht. Aus sterischen Gründen kann das Diazonium-Kation jedoch nur in para-Stellung angreifen. Es entsteht ***p*-Hydroxyazobenzol.**

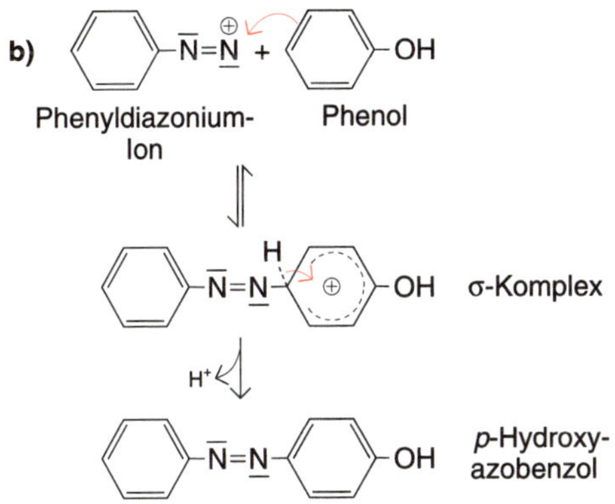

Um die nucleophile Kupplungskomponente reaktionsfähiger zu machen, arbeitet man bei Verwendung von Phenolen im schwach alkalischen Bereich, da das Phenolat-Anion der eigentliche Reaktionspartner ist.

14.2.2 Anthrachinonfarbstoffe

Anthrachinonfarbstoffe stellen eine große Gruppe synthetischer und natürlich vorkommender organischer Farbstoffe dar. Chromophor ist das Diphenylketon-System. Durch unterschiedliche Auxochrome erhält man fast alle Farbtöne. Die licht- und waschechten, hochwertigen Farbstoffe werden in der Textilindustrie eingesetzt.

Diphenylketon als Chromophor in Kermesrot

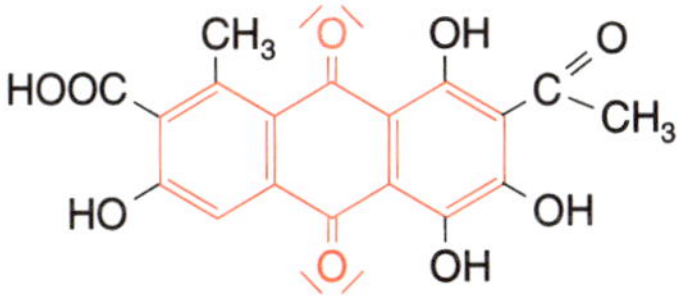

Anthrachinon-Baustein

14.2.3 Triphenylmethanfarbstoffe

Triphenylmethanfarbstoffe sind synthetische, brillante Farbstoffe, die sich von **Triphenylmethan** ableiten. Triphenylmethan weist ein Ringsystem mit **chinoider Struktur** auf, das als Chromophor fungiert. Da diese Farbstoffe nur geringe Lichtechtheit besitzen, sind sie als Textilfarben nicht geeignet. Sie werden jedoch zum Färben von Papier, als Lebensmittel- und Markierungsfarben, für Tinten und als Indikatorfarbstoffe verwendet.

Triphenylmethan als Chromophor in Fuchsin

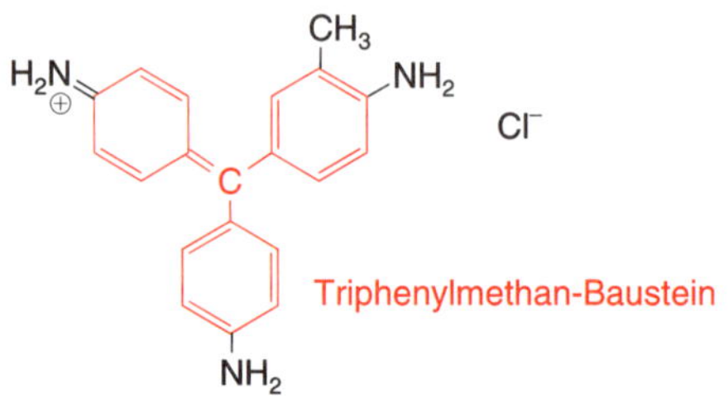

Als Indikatorfarbstoff ist in diesem Zusammenhang vor allem Phenolphthalein erwähnenswert. Dass es sich um einen Triphenylmethanfarbstoff handelt, wird im alkalischen Milieu offensichtlich, wenn sich der Lactonring, der im sauren Milieu für die Farblosigkeit verantwortlich ist, geöffnet hat.

Phenolphthalein als Triphenylmethanfarbstoff bei verschiedenen pH-Werten

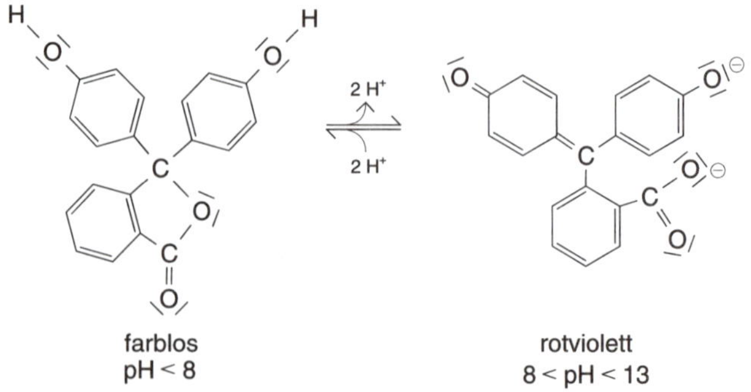

14.3 Indigo – ein traditioneller Küpenfarbstoff

Bis vor etwa 100 Jahren war die **Indigopflanze** (z. B. europäischer Färberwaid) – seit Jahrtausenden – die wichtigste Quelle für die Gewinnung von blauem Farbstoff. Die Pflanzen wurden während der Blüte geerntet und in mit Wasser gefüllte Gruben gelegt, sodass eine Gärung erfolgen konnte. Dabei bildet sich durch enzymatische Spaltung eine farblose Vorstufe, das Indoxyl. Zwei Indoxyl-Moleküle reagieren mit Luftsauerstoff weiter zu einem Indigo-Molekül. Um 1870 gelang es **Baeyer** zum ersten Mal, den begehrten blauen Indigofarbstoff synthetisch herzustellen.

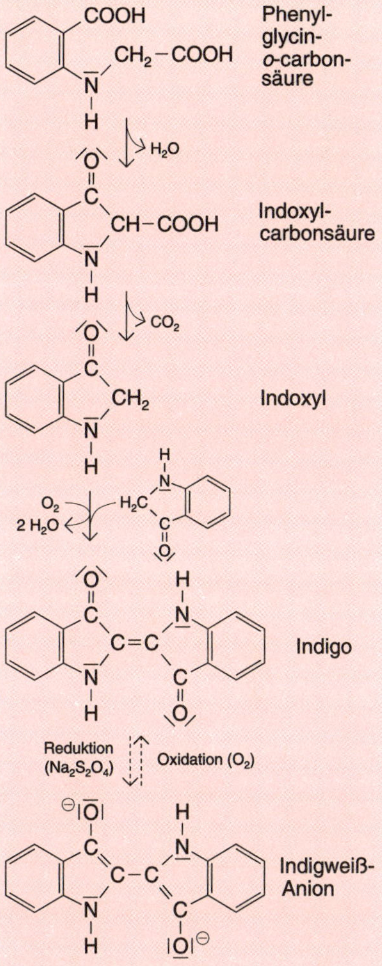

Synthese von Indigo und seiner Leukoform

Ein auch noch heute angewandtes **Syntheseverfahren nach Heumann** verwendet als Ausgangsstoff Phenylglycin-*o*-carbonsäure. Beim Schmelzen mit Natriumamid entsteht Indoxylcarbonsäure. Durch Abspaltung von Kohlenstoffdioxid entsteht Indoxyl, das durch Luftsauerstoff zu Indigo oxidiert wird.

Da Indigo nicht wasserlöslich ist, wird es für den Färbevorgang zur wasserlöslichen **Leukoform,** dem Indigweiß, reduziert. Dazu verwendet man Natriumdithionit ($Na_2S_2O_4$) in alkalischer Lösung. Früher wurde diese Reaktion mit Urin durchgeführt. Die gärende Urin-Brühe wurde als **Küpe,** der Vorgang als **Verküpung** und die Färbetechnik als **Küpenfärbung** bezeichnet. Der zu färbende Stoff wurde mit der Küpe getränkt und aufgehängt. Durch Reaktion mit dem Luftsauerstoff entstand auf der Faser dann aus der Leukoform der blaue Farbstoff.

14.4 Farbmittel

In der Farbstoffindustrie werden alle farbgebenden Stoffe unter dem Sammelbegriff **Farbmittel** zusammengefasst. Dabei wird zwischen **Farbstoffen** und **Pigmenten** unterschieden.

Farbstoffe sind Farbmittel, die sich im Anwendungsmedium lösen oder in Lösung verarbeitet werden können.

Pigmente sind anorganische oder organische Farbmittel, die im Anwendungsmedium unlöslich sind. Pigmente sind meist kristallin, sodass ihre Eigenschaften wesentlich durch das Kristallgitter bestimmt werden. Sie werden im festen Zustand als Pulverpigmente für Drucke oder zum direkten Einfärben von Bau- und Kunststoffen, Email und Keramik verwendet. Durch Einarbeitung der Pigmente in Bindemittel entstehen Anstrichstoffe wie Lack-, Dispersions- oder Druckfarben.

Beispiele für anorganische **Bunt-Pigmente** sind Zinnober, Ocker und Umbra. Als anorganische **Weiß-Pigmente** dienen Bleiweiß, Zinkweiß und vor allem Titandioxid.
Eisenschwarz, Manganschwarz, Graphit und insbesondere Ruß sind als anorganische **Schwarz-Pigmente** in Gebrauch.

15 Kunststoffe

15.1 Allgemeines

Kunststoffe sind organische Makromoleküle (Polymere), die aus Monomeren (Einzelbausteinen) durch Umwandlung von Naturprodukten oder durch Synthese hergestellt werden.

Die ersten Kunststoffe wurden aus Naturstoffen erhalten. So produzierte **Hyatt** 1869 aus Nitrocellulose und Campher Celluloid (für Kämme, Puppen, Filme). 1909 synthetisierte **Baekeland** aus Phenol und Methanal Bakelit, den ersten vollsynthetischen Kunststoff.

Kunststoffe sind meist von geringer Härte, haben kaum elektrische Leitfähigkeit und Wärmeleitfähigkeit und sind oft resistent gegenüber Säuren und Laugen. Durch ihre unterschiedlichen inneren Strukturen haben sie aber auch sehr viele unterschiedliche Eigenschaften. Es gibt weiche, spröde und elastische Kunststoffe, und solche, die sich deutlich in ihrem Verhalten gegenüber organischen Lösungsmitteln unterscheiden.

Die zwischen unpolaren Makromolekülen herrschenden **Van-der-Waals-Kräfte** wachsen mit zunehmender Molekülmasse. Dadurch besitzen Stoffe mit höherem Polymerisationsgrad auch eine höhere mechanische Festigkeit.

Sind die Makromoleküle polar gebaut, wirken zusätzlich Dipol-Kräfte; die stärksten zwischenmolekularen Kräfte stellen Wasserstoffbrückenbindungen dar, die z. B. den Zusammenhalt in Polyamiden bewirken.

Ein wichtiges Merkmal für Kunststoffe ist ihr Verhalten beim Erwärmen. Dabei werden drei Klassen unterschieden:

15.1.1 Thermoplaste

Thermoplaste sind kettenförmig linear oder wenig verzweigt, die Makromoleküle sind untereinander nicht vernetzt. Der Zusammenhalt erfolgt durch **Van-der-Waals-Kräfte** oder durch Wasserstoffbrückenbindungen.

Die Molekülketten sind sehr lang. Sind sie wirr verknäult, bezeichnet man diesen Zustand als **amorph**; sind sie parallel ausgerichtet, als **kristallin.** Thermoplaste gehen innerhalb eines größeren Temperaturintervalls vom weichen in den zähflüssigen Zustand über. Dabei geraten die Makromoleküle in Schwingungen, wobei die zwischenmolekularen Kräfte überwunden werden. Da die Makromoleküle untereinander nicht vernetzt sind, können sie leicht aneinander vorbeigleiten, der Thermoplast erweicht und schmilzt schließlich.

Thermoplasten lassen sich bei der Verarbeitung bei höheren Temperaturen in beliebige Formen pressen. Nach dem Abkühlen behalten sie diese Form bei.

Struktur eines thermoplastischen Kunststoffs

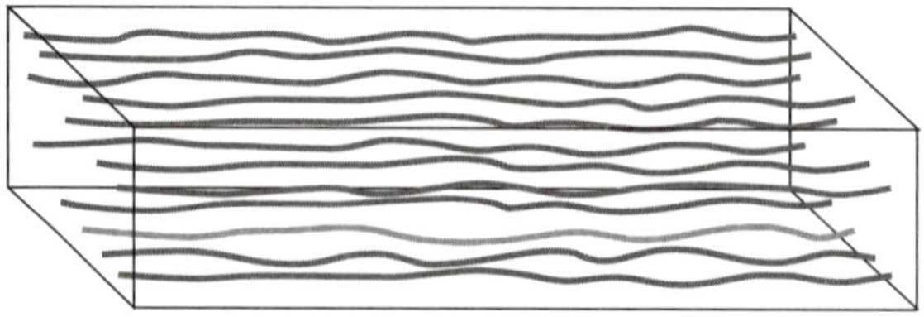

15.1.2 Duroplaste

In Duroplasten sind die Makromoleküle durch Elektronenpaarbindungen dreidimensional eng vernetzt. Beim Erhitzen bleibt die dreidimensionale Struktur erhalten, die Duroplasten werden also bei mittleren Temperaturen weder weich noch zähflüssig. Man muss duroplastische Werkstücke daher bereits in der fertigen Form herstellen oder anschließend mechanisch bearbeiten. Erst bei etwa 300 °C zersetzen sich Duroplaste unter Aufspaltung der Elektronenpaarbindungen; der Kunststoff verkohlt.

Struktur eines duroplastischen Kunststoffs

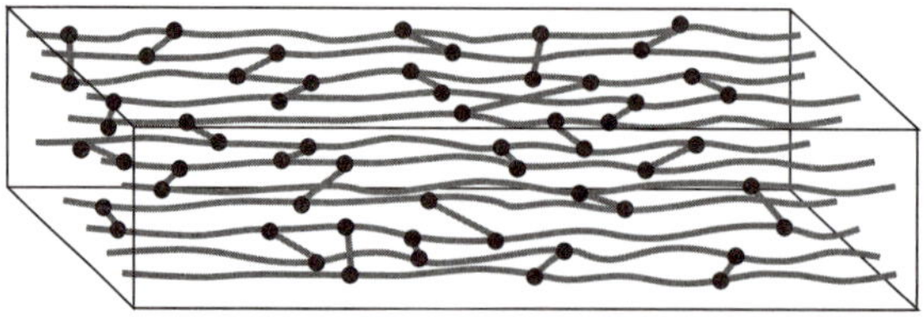

15.1.3 Elastomere

Elastomere verhalten sich bei mechanischer Belastung wie Gummi. Sie lassen sich durch Zug oder Druck leicht verformen und kehren aufgrund ihrer Elastizität immer wieder in die ursprüngliche Form zurück. Die Struktur der Elastomeren ist ähnlich der der Duroplasten, jedoch sind die Netzstrukturen viel weitmaschiger. Elastomere werden beim Verarbeiten meist unter Einwirkung von Wärme und Druck in der Endform synthetisiert.

Natürlicher Kautschuk ist ein typisches Elastomer. Durch Härten können Elastomere stärker vernetzt und dadurch in Duroplaste umgewandelt werden.

Struktur eines elastomeren Kunststoffs

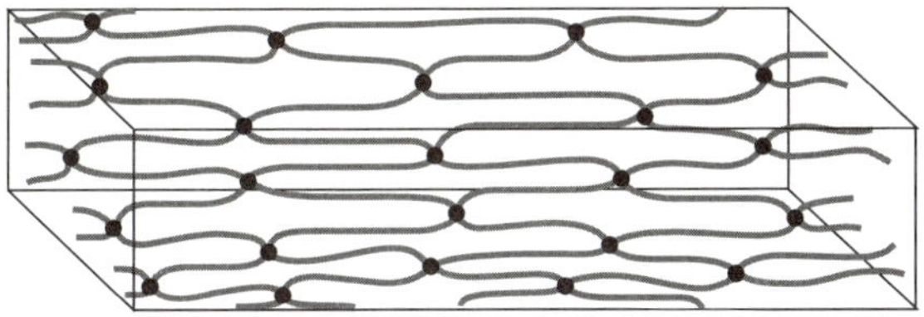

15.2 Verfahren zur Kunststoffsynthese

Bei der Synthese von Kunststoffen geht man von Monomeren aus, die zu ketten- oder netzförmigen Makromolekülen zusammengeschlossen werden. Dafür müssen die Monomeren entweder Mehrfachbindungen oder mindestens zwei funktionelle Gruppen besitzen. Die Verknüpfung der Monomeren erfolgt durch Polymerisation, Polykondensation oder Polyaddition.

15.2.1 Polymerisation

Die Polymerisation erfolgt mit **ungesättigten Monomeren** unter Aufspaltung der Doppelbindungen. Die Reaktion verläuft als **Kettenreaktion,** die durch Initiatoren wie Radikale oder Ionen ausgelöst wird. Es bilden sich zumeist Thermoplaste. Neben der radikalischen Polymerisation ist auch die kationische und die anionische Polymerisation üblich.

Radikalische Polymerisation von Propen

- **Bildung des Initiators (Radikal):**

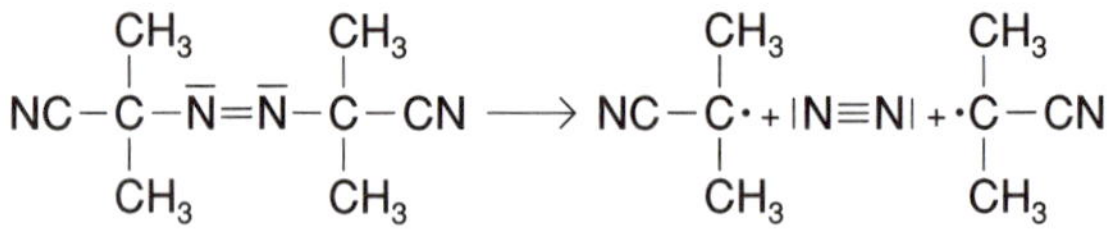

- **Startreaktion:**

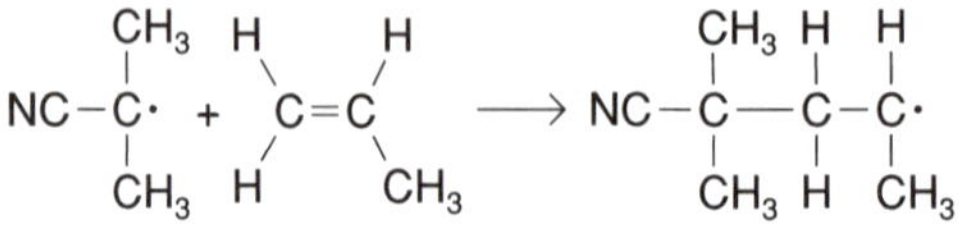

- **Kettenreaktion:**

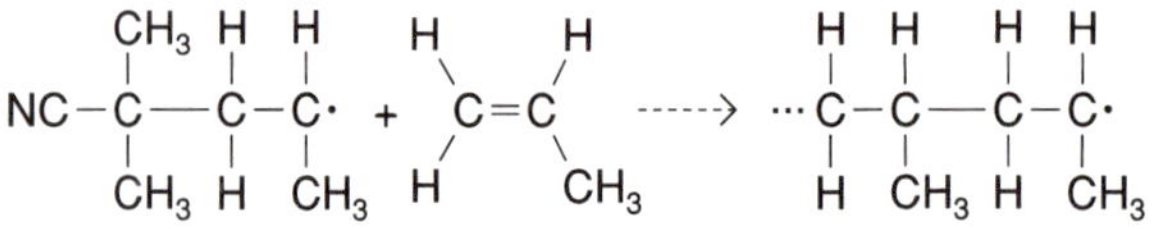

- **Abbruchreaktion:**

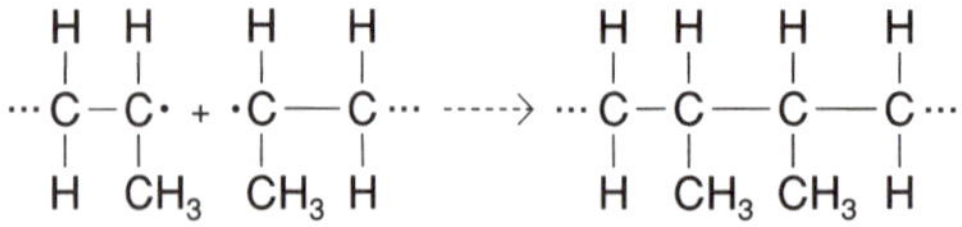

Kationische Polymerisation von Styrol

- **Bildung des Initiators (Kation):**

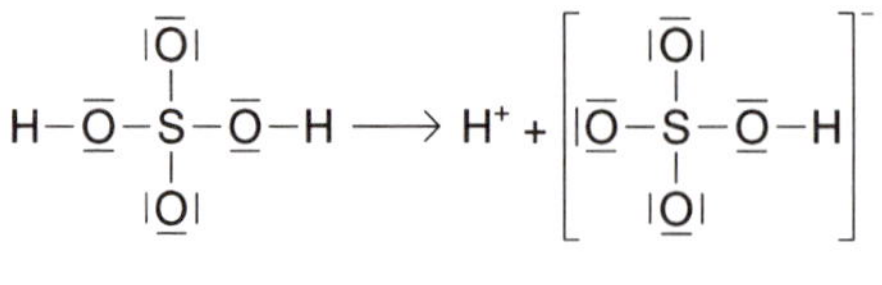

- **Startreaktion:**

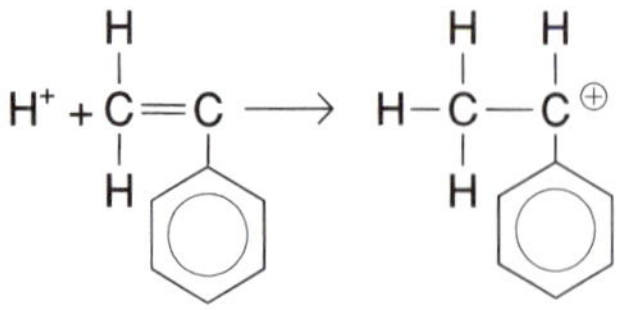

- **Kettenreaktion:**

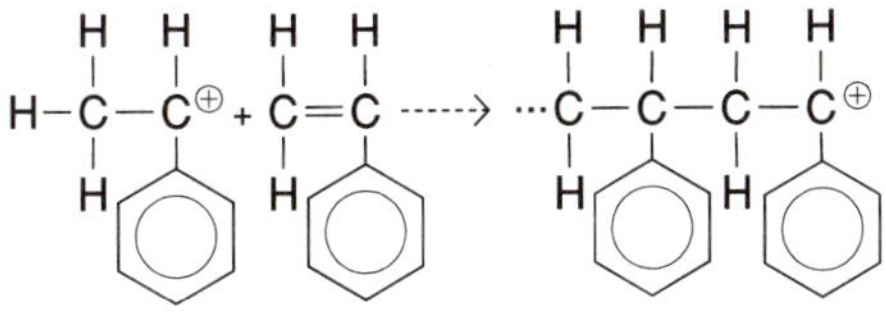

- **Abbruchreaktion:**

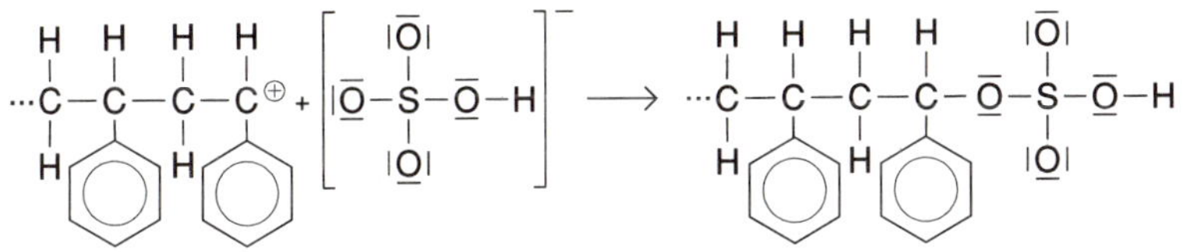

Anionische Polymerisation von Butadien

- **Bildung des Initiators:**

  $2\,Na \rightarrow 2\,Na^{+} + 2\,e^{-}$

- **Startreaktion:**

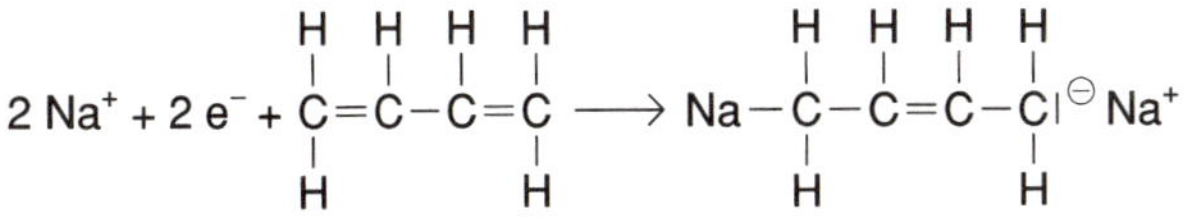

- **Kettenreaktion:**

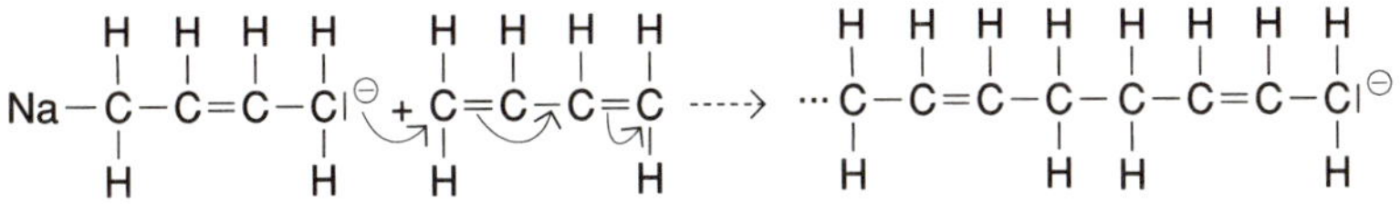

- **Abbruchreaktion:**

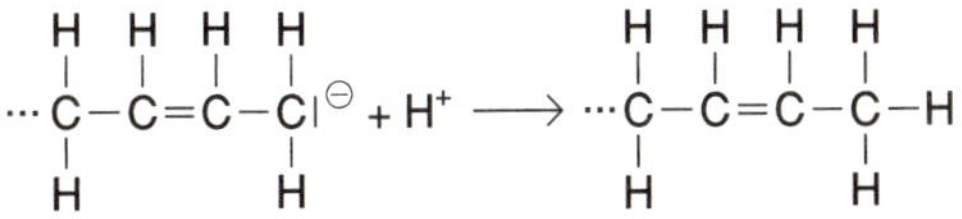

15.2.2 Polykondensation

Bei der Polykondensation geht man von **Monomeren mit zwei funktionellen Gruppen** aus (Hydroxyl-, Carbonyl-, Carboxyl- oder Amino-Gruppe). Die Verknüpfung erfolgt jeweils aus zwei Monomeren unter Abspaltung kleiner Moleküle wie z. B. Wasser, Halogenwasserstoff oder Alkohol. Die Polykondensation von bifunktionellen Monomeren führt zu linearen Makromolekülen, aus trifunktionellen Monomeren bilden sich dreidimensional vernetzte Duroplaste.

Polyamide

In Polyamiden liegen Amid-Bindungen (–NH–CO–) vor. Sie bilden sich aus Diaminen und Dicarbonsäuren. Polyamide besitzen gute mechanische Eigenschaften. Wegen ihrer hohen Zugfestigkeit werden Stoffe wie Nylon oder Perlon z. B. zur Herstellung von Fasern, Getriebeteilen, Schiffsschrauben oder Knochenprothesen verwendet.

Beispiel:

Nylon

- **Monomere:**
  Hexandisäure (Adipinsäure) und 1,6-Diaminohexan
- **Herstellung:**

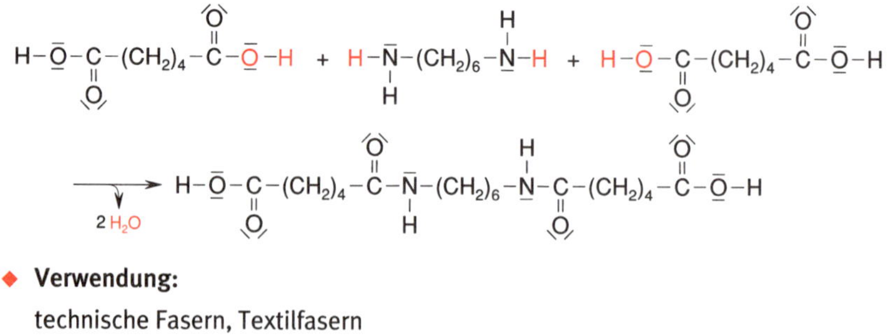

- **Verwendung:**
  technische Fasern, Textilfasern

Phenoplaste

Phenoplaste bilden sich aus Phenol oder Phenolderivaten und Methanal-Lösung. Sie waren die ersten vollsynthetischen Kunststoffe. Nach ihrem Erfinder Baekeland werden sie auch **Bakelite** genannt. Phenoplaste sind härtbar und im gehärteten Zustand unlöslich und unschmelzbar. Die Verarbeitung erfolgt durch Pressen.

Beispiel:

Bakelit

- **Monomere:**
  Phenol und Methanal
- **Herstellung:**

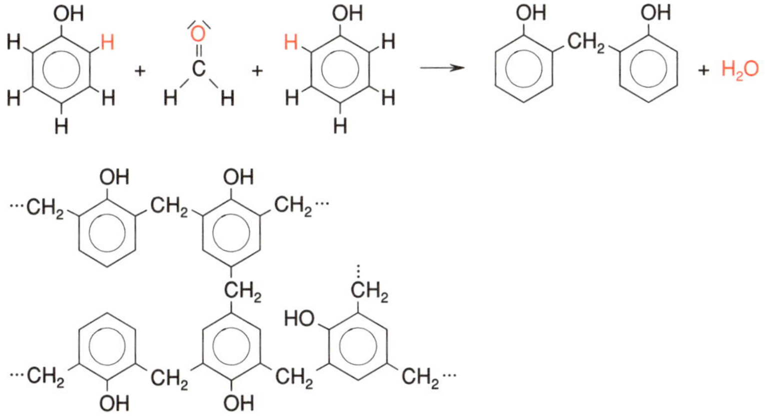

- **Verwendung:**
  Pressmassen, Gießharze, Bindemittel, Lackrohstoffe

Aminoplaste

Die Bildung von Aminoplasten erfolgt ähnlich wie die Phenolharz-Synthese. Hierbei kondensieren Methanal-Moleküle mit Harnstoff zu linearen Molekülen. Beim Aushärten der Aminoplaste verknüpfen sich die linearen Moleküle zu duroplastischen Netzen.

Polyester

Polyester entstehen durch Polykondensation von mehrwertigen Alkoholen mit Dicarbonsäuren. Gesättigte Polyester haben gute mechanische Eigenschaften. Sie sind formstabil und eignen sich besonders zur Herstellung von Fasern. Diese Fasern sind stark hydrophob, sodass Textilien aus Polyestern schnell trocknen und eine hohe Formbeständigkeit aufweisen.

Ein wichtiger Rohstoff für Textilfasern ist **Trevira**, das durch Veresterung von Ethandiol und Benzol-1,4-dicarbonsäure entsteht.

Beispiel:

Trevira

- **Monomere:**
  Ethandiol und Benzol-1,4-dicarbonsäure
- **Herstellung:**

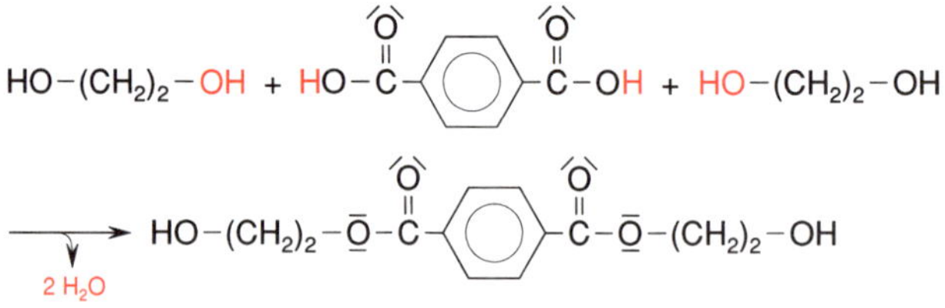

- **Verwendung:**
  Textilfasern

15.2.3 Polyaddition

Die Verknüpfung der bifunktionellen Monomere erfolgt über Endgruppen, die Additionsreaktionen eingehen, ohne dass kleinere Moleküle abgespalten werden. Dies setzt voraus, dass die funktionellen Gruppen des einen Monomeren Doppelbindungen besitzen, an die sich die funktionellen Gruppen des anderen Monomeren addieren lassen.

Additionsreaktionen bifunktioneller Monomeren führen zu Thermoplasten; trifunktionelle Monomere bilden Duroplaste.

Polyurethane

Polyurethane gehören zu den wichtigsten Kunststoffen, die man durch Polyaddition herstellt. Sie bilden sich durch Addition von mehrwertigen Alkoholen an bi- oder trifunktionelle Isocyanate. Durch chemisches Schäumen entstehen Polyurethan-Schaumstoffe. Dazu setzt man bei der Synthese Spuren von Wasser zu, die sich mit den Isocyanat-Gruppen zu Amino-Gruppen und Kohlenstoffdioxid umsetzen. Das Kohlenstoffdioxid-Gas treibt den sich bildenden Kunststoff zum Schaum auf.

Schaumstoffe aus Polyurethanen können je nach Monomeren weich, hart oder hochelastisch sein. Hartschaum dient als Isoliermaterial, hochelastische Schäume werden zu Schuhsohlen verarbeitet; Weichschaum findet in der Möbelindustrie Verwendung.

Beispiel:
Polyurethan

- **Monomere:**
  Butan-1,4-diol und Toluylen-2,6-diisocyanat
- **Ausschnitt aus dem Makromolekül:**

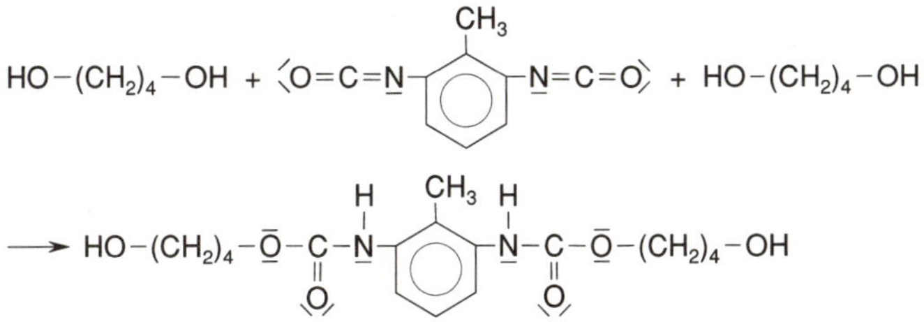

15.3 Kunststoffe aus Naturprodukten

15.3.1 Gummi

Naturkautschuk

Naturkautschuk kommt im Milchsaft (Latex) des Kautschukbaums vor und ist ein natürliches Polymerisat aus Isopren-Monomeren (2-Methylbuta-1,3-dien):

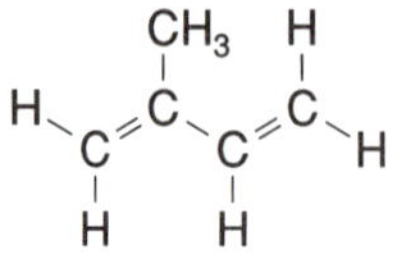

Naturkautschuk erweicht bereits bei etwa 30 °C und ist wenig chemikalienbeständig. Daher erfolgt bei der Verarbeitung eine Vernetzung der weitmaschigen Moleküle durch Einbau von Schwefelbrücken. Diesen Prozess bezeichnet man als **Vulkanisation** (1883, **Goodyear**). Das Vernetzungsprodukt heißt **Gummi.**

Vulkanisation von Naturkautschuk

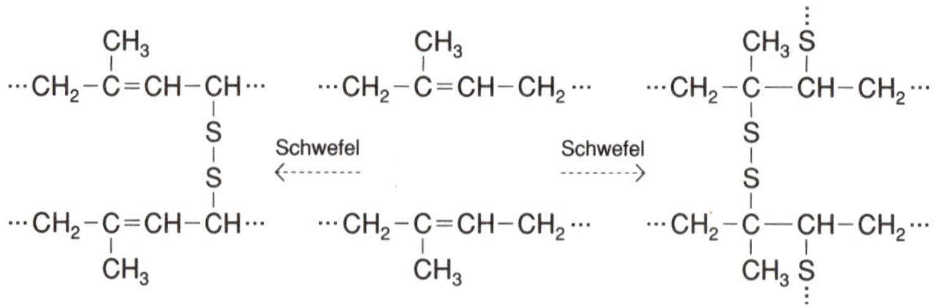

Synthesekautschuk

Durch Polymerisation von Buta-1,3-dien erhält man Polybutadien, welches als Hartgummi und als Laufflächenmaterial für Autoreifen eingesetzt wird:

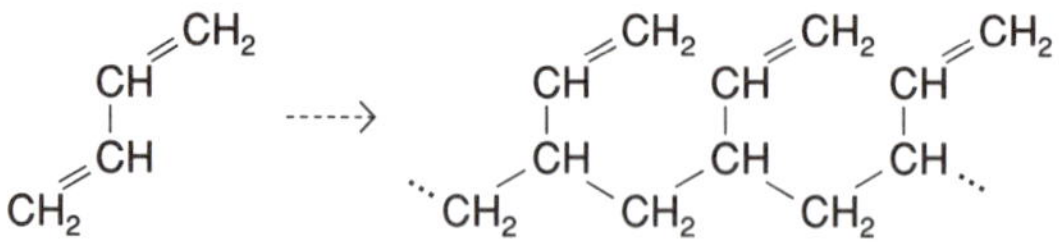

15.3.2 Celluloid

Durch Veresterung des Polysaccharids Cellulose mit Salpetersäure erhält man Cellulosenitrat, welches mit Campher zu **Celluloid** verarbeitet wird:

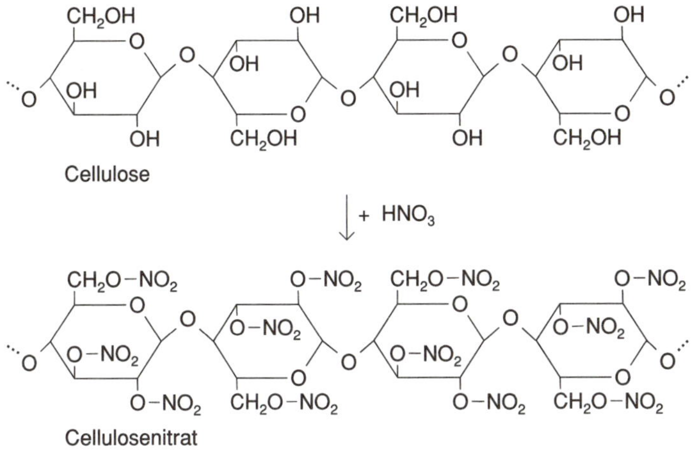

Celluloid dient als Trägermaterial für Filme und zur Fertigung von Billardkugeln. Ester aus Cellulose und Essigsäure dienen zur Herstellung von Kämmen, Folien, Klarsichtverpackungen und ähnlichen Materialien.

Überblick über wichtige Polymerisationskunststoffe

Monomer	Polymer	Abkürzungen /Handelsnamen	Verwendung
Ethen 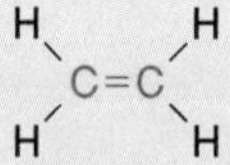	Polyethen 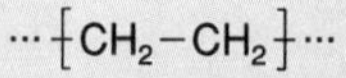	LDPE, Lupolen, Hostalen, Baylon (radikalische Polymerisation unter Hochdruck)	Folien, Filme, Haushaltsgeräte, Armaturen. Kabelisolierung
		LDPE (ionische Polymerisation unter Niederdruck)	Getränkekisten
Propen 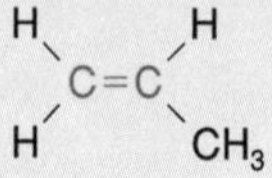	Polypropen 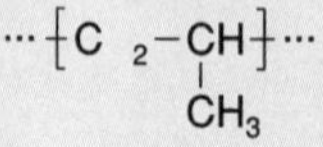	PP	Haushaltswaren
Vinylchlorid (Monochlorethen) 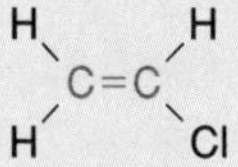	Polyvinchlorid 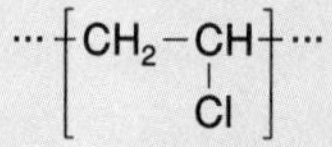	PVC (Hinweis: zerfällt beim Erhitzen zu Polyenen und Chlorwasserstoff-Gas)	Tischtücher, Fußbodenbeläge, Rollläden, Rohre
Acrylnitril 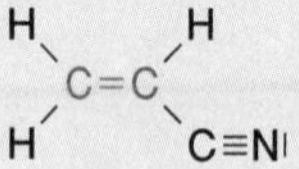	Polyacrylnitril 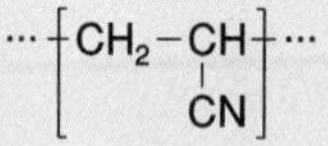	Orlon, Dralon, Acryl, Acrilan	Beimischung für Textilien
Styrol (Monophenylethen) 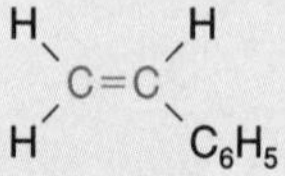	Polystyrol 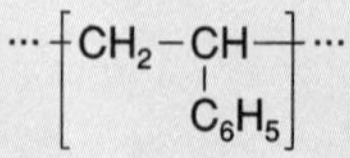	PS; geschäumt als Styropor	Haushaltswaren, Wärmedämmung
Methacrylsäuremethylester 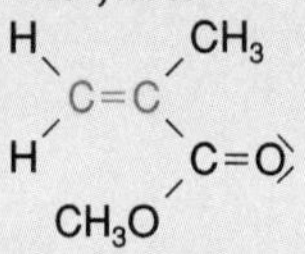	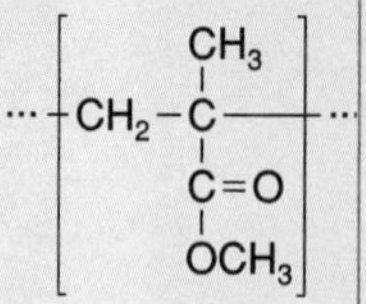	Plexiglas	Sicherheitsglas
Tetrafluorethen 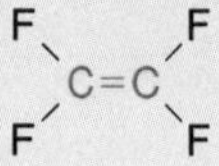	Polytetrafluorethen 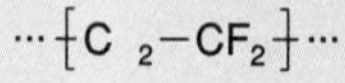	Teflon, Hostalon	Antihaftbeschichtungen, Textilien

16 Strukturaufklärung organischer Verbindungen

Zur Strukturaufklärung organischer Verbindungen dienten früher überwiegend chemische Methoden, während heute Spektroskopie und chromatografische Verfahren (Gas-Chromatografie, Papier-Chromatografie, Dünnschicht-Chromatografie, Säulen-Chromatografie, Ionenaustausch-Chromatografie) im Vordergrund stehen.

Diese **instrumentelle Analytik** ermöglicht es aufgrund der fortgeschrittenen Computer- und Sensortechnik Analysen einfacher und schneller durchzuführen.

16.1 Chemische Methoden

Um die Eigenschaften einer organischen Verbindung erklären zu können, muss die Struktur ihrer Moleküle bekannt sein.

Der klassische Weg der Strukturermittlung führt über verschiedene Einzelschritte:

- **Reindarstellung der Substanz:** Aus einem Stoffgemisch muss die Reinsubstanz zunächst isoliert werden. Dies geschieht z. B. durch Extrahieren, Destillieren oder Umkristallisieren.
- **Qualitative Elementaranalyse:** Die Elemente, die in der Verbindung enthalten sind, werden ermittelt.
- **Quantitative Elementaranalyse:** Das Atomanzahlverhältnis der Elemente in der Verbindung wird bestimmt. Als Ergebnis erhält man die Verhältnisformel.
- **Ermittlung der molaren Masse:** Die Molekülformel (Summenformel) kann aufgestellt werden.
- **Charakteristische chemische Reaktionen der Substanz:** Sie dienen dem Nachweis der funktionellen Gruppen und geben Hinweise zur Gesamtstruktur des Moleküls.
- **Synthese der Verbindung:** Durch sie wird die hypothetische Molekülstruktur bestätigt.

Beispiel:

Strukturermittlung von Ethanol mithilfe chemischer Methoden der Strukturaufklärung

- Die **qualitative Elementaranalyse** zeigt, dass in Ethanol C und H enthalten sind, denn bei der Verbrennung entstehen Kohlenstoffdioxid und Wasser. Bei der Reaktion von Ethanol mit Magnesium in der Gasphase entsteht Magnesiumoxid (Sauerstoffnachweis).

- Die **quantitative Elementaranalyse** führt zur Verhältnisformel $(C_2H_6O_1)_n$. Dazu wird eine genau gewogene Probe der Substanz vollständig zu Kohlenstoffdioxid und Wasser verbrannt. Aus den Versuchsergebnissen lassen sich die Massen und das Stoffmengenverhältnis der in der Probe enthaltenen Elemente berechnen.
- Die **Ermittlung der molaren Masse** führt zur Summenformel $C_2H_6O_1$. Dazu wird eine genau gewogene Probe der Substanz verdampft. Man bestimmt das Gasvolumen und berechnet mithilfe der allgemeinen Gasgleichung die molare Masse.
- **Reaktion mit Natrium:** Bei einer Verbindung mit der Summenformel $C_2H_6O_1$ kann es sich um einen Alkohol oder um einen Ether handeln. Durch die Reaktion mit Natrium lässt sich die Hydroxyl-Gruppe nachweisen: Das polar gebundene H-Atom der Hydroxyl-Gruppe wird reduziert, Natrium wird oxidiert; es entsteht Wasserstoff. Die Formel der Verbindung lautet daher CH_3CH_2OH.

Diese Formel ist zunächst nur hypothetisch. Sie muss anschließend durch die Synthese des Alkohols bestätigt werden.

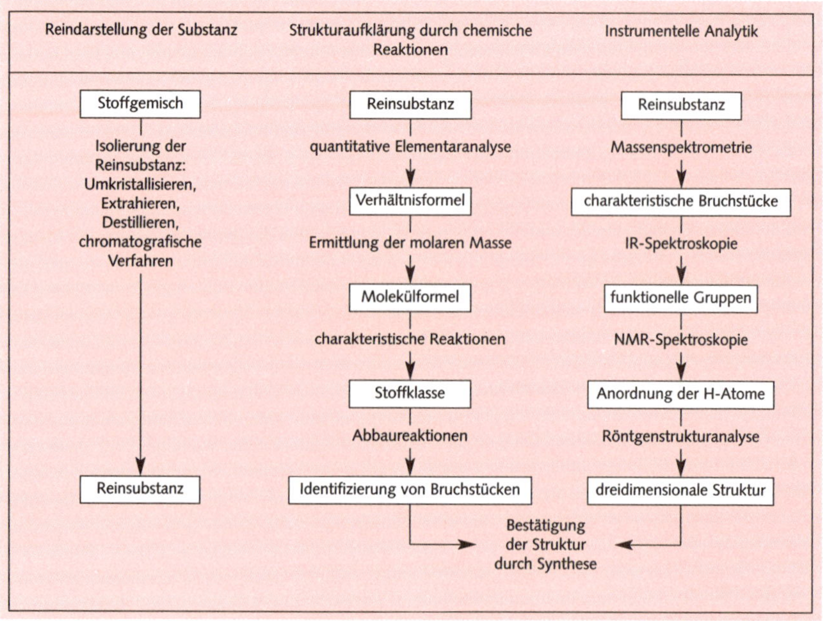

Aufklärung der Struktur einer organischen Verbindung

16.2 Spektroskopie

Die Methoden der Spektroskopie beruhen auf der Absorption elektromagnetischer Strahlung durch die Moleküle. Man trägt die Absorption in Abhängigkeit von der Wellenlänge auf und erhält ein **Absorptionsspektrum** des Stoffes, das Aussagen über den Molekülbau ermöglicht.

16.2.1 Spektroskopie im sichtbaren und im UV-Bereich

Die Moleküle absorbieren sichtbares Licht, wobei Elektronen angeregt werden. Farbige organische Verbindungen besitzen delokalisierte π-Elektronen (Carotin, Chlorophyll), die leicht angeregt werden können (→ Kapitel 14). Bei diesen Verbindungen reicht daher die Energie des sichtbaren Lichts.

Bei farblosen organischen Verbindungen reicht die Energie des sichtbaren Lichts nicht aus, um Elektronen anzuregen. Dies ist nur mit der energiereicheren UV-Strahlung möglich. Da σ-Elektronen besonders viel Energie zur Anregung benötigen, absorbieren gesättigte Kohlenwasserstoff nur unterhalb einer Wellenlänge von 140 nm.

16.2.2 IR-Spektroskopie

Infrarotstrahlen können Moleküle oder Molekülteile zu Schwingungen und Rotationen anregen, die es ermöglichen, bestimmte funktionelle Gruppen im Molekül zu erkennen.

16.2.3 NMR-Spektroskopie

NMR = *nuclear magnetic resonance* (magnetische Kernresonanz): Bei der Absorption elektromagnetischer Strahlung in einem Magnetfeld ändert sich der Spin der Wasserstoff-Atomkerne. Das Absorptionsverhalten ist dabei vom Bindungspartner des H-Atoms abhängig (chemische Verschiebung).

Q

R

S

T